Gefahrenfallmatrizen für Gebäude

Jörg Balow (Hrsg.)
Dirk Borrmann
Achim Ernst
Frank Lucka
Bastian Nagel
Steffen Tietze

Gefahrenfallmatrizen für Gebäude – Vom sicherheitstechnischen Steuerungskonzept (sSK) zur Brandfallsteuermatrix

Kommentar zur VDI 6010 Blatt 1

1. Auflage 2020

Herausgeber:
VDI Verein Deutscher Ingenieure e. V.

Beuth Verlag GmbH · Berlin · Wien · Zürich

Herausgeber: VDI Verein Deutscher Ingenieure e. V.

Saatwinkler Damm 42/43
13627 Berlin
Telefon: +49 30 2601-0
Telefax: +49 30 2601-1260
Internet: www.beuth.de
E-Mail: kundenservice@beuth.de

VDI-Platz 1
40468 Düsseldorf
Telefon: +49 211 6214-0
Telefax: +49 211 6214-575
Internet: www.vdi.de
E-Mail: vdi@vdi.de

Titelbild: © Wittybear, Benutzung unter Lizenz von shutterstock.com
Satz: Beuth Verlag GmbH, Berlin
Druck: Prime Rate, Budapest
Gedruckt auf säurefreiem, alterungsbeständigem Papier nach DIN EN ISO 9706

ISBN 978-3-410-28380-5
ISBN (E-Book) 978-3-410-28381-2

Gefahrenfallmatrizen für Gebäude – Vom sicherheitstechnischen Steuerungskonzept (sSK) zur Brandfallsteuermatrix

Mehr zu diesem Titel

... finden Sie in der Beuth-Mediathek

Zu vielen neuen Publikationen bietet der Beuth Verlag nützliches Zusatzmaterial im Internet an, das Ihnen kostenlos bereitgestellt wird. Art und Umfang des Zusatzmaterials – seien es Checklisten, Excel-Hilfen, Audiodateien etc. – sind jeweils abgestimmt auf die individuellen Besonderheiten der Primär-Publikationen.

Für den erstmaligen Zugriff auf die Beuth-Mediathek müssen Sie sich einmalig kostenlos registrieren. Zum Freischalten des Zusatzmaterials für diese Publikation gehen Sie bitte ins Internet unter

www.beuth-mediathek.de

und geben Sie den folgenden Media-Code in das Feld „Media-Code eingeben und registrieren" ein:

M283808832

Sie erhalten Ihren Nutzernamen und das Passwort per E-Mail und können damit nach dem Log-in über „Meine Inhalte" auf alle für Sie freigeschalteten Zusatzmaterialien zugreifen.

Der Media-Code muss nur bei der ersten Freischaltung der Publikation eingegeben werden. Jeder weitere Zugriff erfolgt über das Log-In.

Wir freuen uns auf Ihren Besuch in der Beuth-Mediathek.

Ihr Beuth Verlag

Hinweis: Der Media-Code wurde individuell für Sie als Erwerber dieser Publikation erzeugt und darf nicht an Dritte weitergegeben werden. Mit Zurückziehung dieses Buches wird auch der damit verbundene Media-Code ungültig.

Gefahrenfallmatrizen für Gebäude – Vom sicherheitstechnischen Steuerungskonzept (sSK) zur Brandfallsteuermatrix

Jetzt diesen Titel zusätzlich als E-Book downloaden und 70 % sparen!

Als Käufer dieses Buchtitels haben Sie Anspruch auf ein besonderes Kombi-Angebot: Sie können den Titel zusätzlich zum Ihnen vorliegenden gedruckten Exemplar für nur 30 % des Normalpreises als E-Book beziehen.

Der BESONDERE VORTEIL: Im E-Book recherchieren Sie in Sekundenschnelle die gewünschten Themen und Textpassagen. Denn die E-Book-Variante ist mit einer komfortablen Volltextsuche ausgestattet!

Deshalb: Zögern Sie nicht. Laden Sie sich am besten gleich Ihre persönliche E-Book-Ausgabe dieses Titels herunter.

In 3 einfachen Schritten zum E-Book:

❶ Rufen Sie die Website **www.beuth.de/e-book** auf.

❷ Geben Sie hier Ihren persönlichen, nur einmal verwendbaren E-Book-Code ein:

28380AAF3066850

❸ Klicken Sie das „Download-Feld“ an und gehen dann weiter zum Warenkorb. Führen Sie den normalen Bestellprozess aus.

Hinweis: Der E-Book-Code wurde individuell für Sie als Erwerber dieses Buches erzeugt und darf nicht an Dritte weitergegeben werden. Mit Zurückziehung dieses Buches wird auch der damit verbundene E-Book-Code für den Download ungültig.

Vorwort I

Die AGBB Berlin e.V. ist ein gemeinnütziger Verein, in dem Brandschützer aus unterschiedlichen Bereichen wie Werk- und Betriebsfeuerwehren, Brandschutzbeauftragte aus der Industrie, Fachplaner für Brandschutz, Prüfingenieure und Brandschutzdienstleister organisiert sind. Wir schauen aus unterschiedlichen Richtungen auf das Thema der Brandfallsteuerungen und sind der Meinung, dass dieses Thema durch anerkannte Regeln beschrieben werden muss, damit Gebäude sicher und wirtschaftlich betrieben werden können.

Brandfallsteuerungen sind in der heutigen Zeit nicht mehr aus unseren Gebäuden wegzudenken. Sowohl in architektonisch anspruchsvollen Neubauten, als auch in Bestandsgebäuden die modernisiert werden sollen, sind die automatischen Ansteuerungen von brandschutztechnischen Sicherheitseinrichtungen über die ausgelöste Brandfrüherkennung nicht mehr wegzudenken.

In den modernen Neubauten ermöglichen sie, die baurechtlichen Anforderungen über schutzzielorientierte Brandschutzkonzepte sicherzustellen. Als Planer/Betreiber steht man im Rahmen von Umbauten oder der Sanierung von Bestandsgebäuden auch häufig vor der Herausforderung, aktuelle baurechtliche Forderungen nicht abbilden zu können. Hier helfen die technischen Möglichkeiten häufig als kompensatorische Maßnahme. Durch diese Technik wird der Betrieb dieser Gebäude sicherer, gleichzeitig aber auch komplexer, da sich Abhängigkeiten bei der technischen Gebäudeausrüstung ergeben, die man bei Umbauten, Störungen, Wartungen und auch im Gefahrenfall beachten muss.

Aus unserer Sicht ist es daher umso wichtiger für alle Beteiligten (Planer, Betreiber, Nutzer, Feuerwehr), dass diese Möglichkeiten effizient und effektiv eingesetzt, betrieben und beschrieben werden. Die Planung dieser Einrichtungen sollte in enger Abstimmung mit den oben genannten Beteiligten erfolgen, sodass ein eventueller Einsatz hinsichtlich der Funktion, aber auch der Wirtschaftlichkeit sinnvoll ist. Für den Betrieb dieser Einrichtungen ist besonders wichtig, dass diese Maßnahmen auch wirksam, betriebssicher und wirtschaftlich sind. Die Schnittstellen in der Planung und dem Betrieb sind eindeutig zu beschreiben und zu dokumentieren, damit man eventuelle Auswirkungen auch erkennen und bewerten kann. Aus diesem Grund ist es aus unserer Sicht ebenfalls immens wichtig, die Brandfallmatrizen und den Mindestumfang von Prüfungen zu standardisieren. Nur so ist für den Betreiber eine Erstabnahme nachvollziehbar und erleichtert die Wiederholungsprüfungen.

Nachdem die Übergabe einer solchen Anlage an den Betrieb erfolgt ist, muss dieser in die Lage versetzt werden, den sicheren Betrieb der Einrichtung garantieren zu können. Veränderungen an Teilanlagen dürfen die Betriebssicherheit und Wirksamkeit nicht beeinflussen und ein technisches Change-Management muss beschrieben sein. Die Brandfallmatrix muss fortgeschrieben werden, um diese Bewertungen durchführen zu können.

Auch für Einsatzkräfte der Gefahrenabwehr kann eine gute Dokumentation z. B. mit Visualisierter Brandfallsteuerung hilfreich sein, um einsatztaktische Entscheidungen auf dieser Grundlage zu treffen.

Aus diesem Grund halten wir es für zielführend, wenn für diesen Themenkomplex allgemein anerkannte Regelwerke vorhanden sind, an die sich alle Beteiligten halten können und die Herausforderungen in dem komplexen Thema eindeutig definieren.

Eine anerkannte Regel der Technik, wie die Richtlinienreihe VDI 6010 für diesen Themenkomplex, erscheint uns als Brandschützer sehr wichtig und wir begrüßen sehr, dass diese Richtlinienreihe weiterentwickelt wird.

Oliver Giesen
Vorstandsvorsitzender AGBB Berlin e.V.

Vorwort II

Gebäude werden heutzutage immer technischer und mit einer Vielzahl für den Brandschutz relevanter Komponenten ausgestattet. Deswegen ist es umso wichtiger, dass alle Bestandteile des anlagentechnischen Brandschutzes gut aufeinander abgestimmt sind, perfekt ineinandergreifen und auch hinreichend überprüft werden.

Diesem Ziel widmet sich die Richtlinienreihe VDI 6010, die den Standard für den richtigen Umgang mit der Gebäudeautomation aus brandschutztechnischer Sicht regelt. Aus der Sicht der Prüfingenieure für Brandschutz ist diese Richtlinie sehr zu begrüßen, weil eine Vereinheitlichung auf diesem Gebiet des Brandschutzes zu einer Erhöhung der Betriebssicherheit und Wirksamkeit der Anlagen führt. Wie bei jedem Regelwerk kann in einem solchen jedoch nie alles derart haargenau beschrieben werden, wie man es sich als Mitwirkender an diesem wünscht, sondern es stellt jeweils ein gewisses Extrakt dar, das einer weiterführenden Kommentierung bedarf.

Eine derartige, sehr begrüßenswerte Kommentierung der Richtlinie VDI 6010 Blatt 1 liegt mit diesem Buch nunmehr vor. Seitens der Prüfingenieure für Brandschutz sind dabei natürlich sowohl die Erläuterungen hinsichtlich der erforderlichen Verknüpfung der einzelnen technischen Teilsysteme zu einem „großen Ganzen" als auch die Darlegung der Zuständig- und Verantwortlichkeiten, die hier durch die Autoren im Detail erörtert werden, von besonderer Bedeutung.

Aber auch die Themen der Anlagenübersicht, der möglichen Beziehungen von Anlagengruppen durch Ansteuerungen untereinander und der Durchführung und Dokumentation eines Vollprobetests werden praxisnah erläutert, um nur einige zu nennen.

Der Kommentar möge somit alle an der Verwirklichung eines technisch durchkonstruierten Gebäudes beteiligten Planer und Ausführende unterstützen, den richtigen Weg der Kommunikation zu finden!

Prof. Gerd Geburtig
Prüfingenieur für Brandschutz, VPI

Vorwort III

Liest man den Titel der Richtlinie VDI 6010 Blatt 1, so tut man sich am Anfang tatsächlich schwer, genau zu verstehen, um was es geht. Es ist, zugegebenermaßen, auch eine komplexe Materie, um die es hier geht!

„Brandfallsteuermatrix" ist schon eher ein Begriff, der dem einschlägigen Fachmann etwas sagt. In diesem Werk haben sich fachkundige Autoren, die auch bei der Erstellung der Richtlinie mitgewirkt haben, zusammengetan und in Kommentaren erläutert, um was es dabei geht – und dieses Thema ist bedeutsam: Wie können in komplexen Gebäuden die notwendigen Vernetzungen von sicherheitstechnischen Anlagen so sicher geplant werden, dass das im Einsatz erforderliche Zusammenwirken für Planer, Errichter, Prüfer und letztendlich auch für den Betreiber und Nutzer so sicher nachvollzogen wird, dass jeder das gleiche versteht.

Die Richtlinienreihe VDI 6010 hat eine einheitliche Sprache entworfen, aber es bleibt noch eine Menge zu erläutern und darzustellen, dass diese Richtlinien von den betroffenen Partnern verstanden und letztendlich auch richtig angewendet werden. Die Autoren dieses Werks haben, nach meiner Ansicht, erfolgreich und bildhaft dargestellt, um was es ihnen geht: Sichere Dokumentation von Planung, Errichtung und Prüfung von sicherheitstechnischen Anlagen, die bei komplexen Gebäuden heute hochvernetzt sind und eine einheitliche Vorgehensweise verlangen, damit sie für den Nutzer den Wert bringen, den er auch bezahlt hat.

Es bleibt zu hoffen, dass das Buch in den Kreisen der Planer, Errichter und Prüfer eine so breite Anwendung findet, dass langfristig mit der Anwendung der VDI-Richtlinie ein echter Vorteil für die Brandschutzplanung geschaffen werden kann. Ein Vorteil, der auch zur Verbesserung des Bilds des Brandschutzes in der Öffentlichkeit und der ungerechtfertigten Rufe Einhalt gebietet, dass die Bemühungen um den Brandschutz zur Verteuerung des Bauwesens beitragen.

Frieder Kircher
Leitender Branddirektor
Berliner Feuerwehr

Vorwort der Autoren

Bisher gab es keine einheitlichen Vorgaben, wie Matrizen für die Darstellung von Funktionen bei sicherheitstechnischen Systemen zu erstellen und für die Dokumentation zu übergeben sind. Die Richtlinien VDI 6010 Blatt 1 und VDI 6010 Blatt 3 schließen diese im Markt vorhandene Lücke. Die Richtlinie VDI 6010 Blatt 1 zeigt eine Strukturierung der Beschreibung und Darstellung der Zuständigkeiten, Verantwortlichkeiten und Detaillierungsstufen für die Planung und Dokumentation von sicherheitstechnischen Funktionen von der Vorplanung bis in den Betrieb auf.

In der Branche ist der Begriff „Brandfallsteuermatrix" sehr weit verbreitet. Brandereignisse stellen jedoch nur einen von vielen möglichen Gefahrenfällen dar, die auf Gebäude und Bauwerke einwirken können oder von diesen ausgehen. So wurde bei der Erarbeitung der VDI 6010 Blatt 1 als gesamtheitliche Zusammenführung aller Matrizen der einzelnen Gefahrenfälle der Begriff „Gefahrenfallsteuermatrix" eingeführt. Der Werdegang der Darstellung der Funktionen von der Planung bis zur Prüfung und dem Betrieb ist in Abbildung 1 zu sehen.

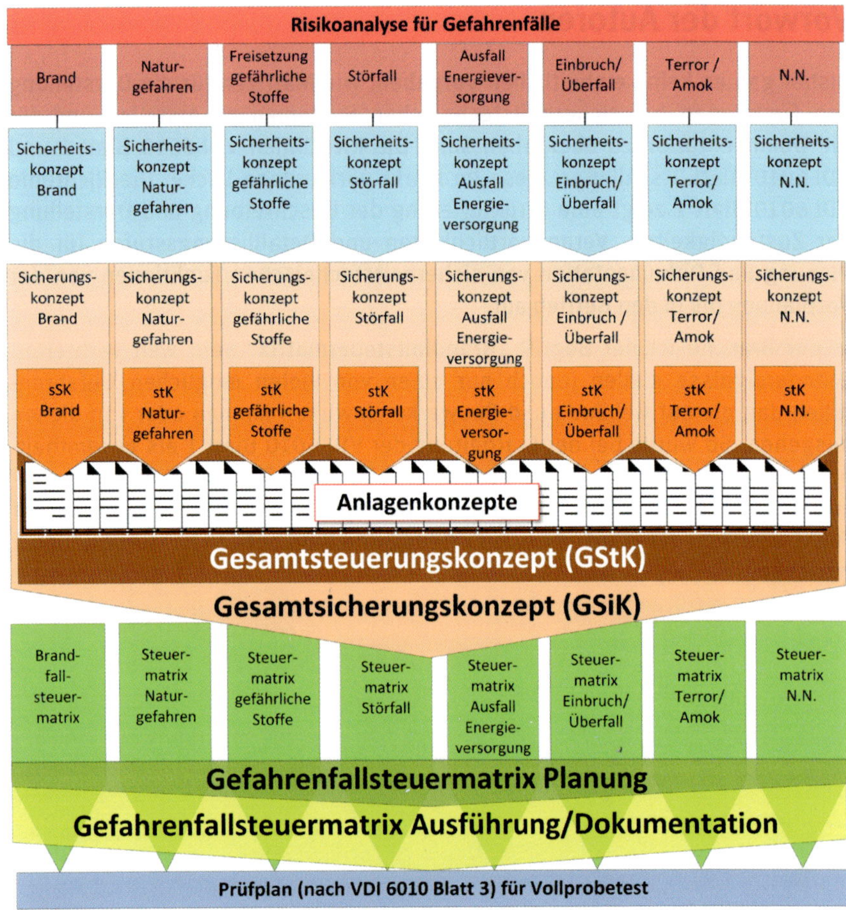

Abbildung 1: Von der Risikoanalyse über die Gefahrenfallsteuermatrix zum Prüfplan (Quelle: VDI 6010 Blatt 1)

Aus den Matrizen der VDI 6010 Blatt 1 können Prüfpläne nach VDI 6010 Blatt 3 erstellt werden, die z. B. im Rahmen einer Wirk-Prinzip-Prüfung und anderen Bestandteilen des Vollprobetests verwendet werden können (Inhalte des Vollprobetests siehe Abbildung 2). Dadurch wird eine standardisierte Darstellung von der Planung bis in den Betrieb erreicht.

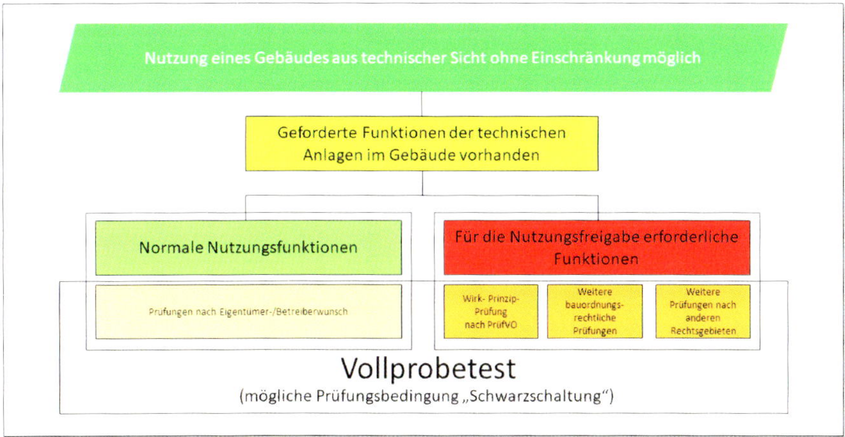

Abbildung 2: Mögliche Inhalte eines Vollprobetests

Diese Art der Durchgängigkeit von standardisierten Dokumenten soll insbesondere Fachplaner, Bauherren und Betreiber, Behördenvertreter und ausführende Firmen bei der Planung und Ausführung sowie dem Betrieb von systemübergreifenden Funktionen in der Sicherheitstechnik mit Entscheidungshilfen und Empfehlungen unterstützen.

Die mit der Richtlinie VDI 6010 Blatt 1 dargestellten Hilfsmittel bilden die Grundlage für die Entwicklung von Szenarien gemäß VDI 6010 Blatt 3 (siehe Abbildung 3).

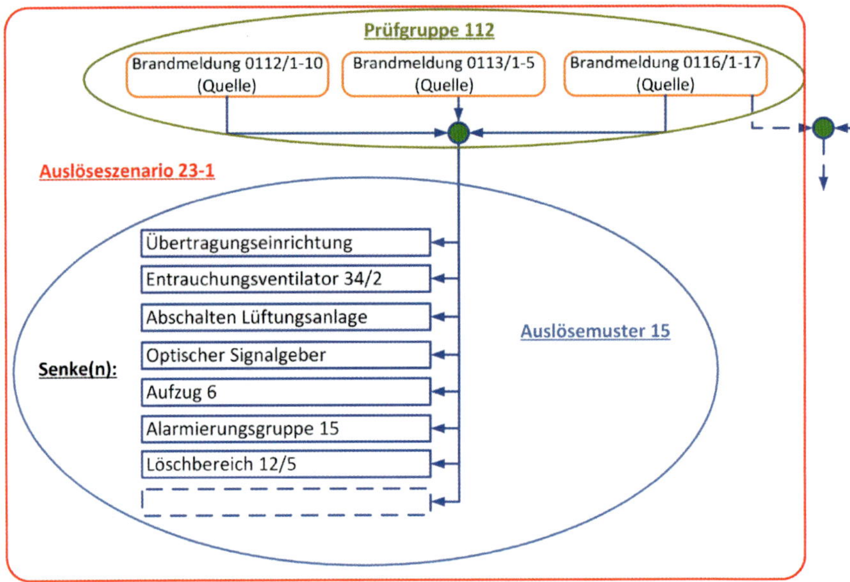

Abbildung 3: Beispiel eines Auslöseszenarios

Mit diesem Kommentar werden an Hand von vertiefenden Erläuterungen und Beispielen Hinweise zur Anwendung der VDI 6010 Blatt 1 gegeben.

Autorenvorstellung

Jörg Balow VDI, Associate Director bei der Arup Deutschland GmbH

Jörg Balow arbeitete über sechs Jahre im technischen Betrieb von Gebäuden, 13 Jahre in ausführenden Generalunternehmen der TGA und ist über neun Jahre in einem internationalen Planungsbüro tätig. Heute ist er Associate Director bei der Arup Deutschland GmbH in Berlin. Er ist Autor der Bücher „Systeme der Gebäudeautomation" (CCI Dialog GmbH) und „Kommentar zur VDI 6010 Blatt 3 Vollprobetest" (Beuth Verlag) sowie langjähriger Schulungsleiter bei der VDI Wissensforum GmbH. *Jörg Balow* unterstützte die Beuth-Hochschule in Berlin im Rahmen eines Lehrauftrags und als Mitglied einer Berufungskommission. Seit einiger Zeit ist er Vorsitzender der VDI-Richtlinienausschüsse VDI 6010 und VDI 3814 Blatt 4.1, leitet den Arbeitskreis AK 070 Gebäudeautomation beim GAEB, unterstützte die Überarbeitung der AMEV Gebäudeautomation 2019 und arbeitete an den Richtlinien VDI 3813 und VDI 3814 sowie an den Normen DIN 18205 und DIN 18386 (ATV VOB Teil C) aktiv mit. *Jörg Balow* ist Mitglied im Fachbeirat TGA des VDI, im Fachausschuss Elektrotechnik und Gebäudeautomation des VDI und Beiratsmitglied der Gesundheitstechnischen Gesellschaft in Berlin.

Dipl.-Ing. (FH) *Dirk Borrmann* VDI, staatlich geprüfter Betriebswirt

Geschäftsfeldleiter Elektro- und Gebäudetechnik bei der TÜV Rheinland Industrie Service GmbH

Bauaufsichtlich anerkannter Prüfsachverständiger für technische Anlagen

Nach der Ausbildung zum Maschinenschlosser und einer anschließenden Tätigkeit in der Turbinenmontage nahm *Dirk Borrmann* das Studium der Versorgungs- und Energietechnik an der Technischen Fachhochschule Berlin auf. Mit der Diplomarbeit, in der er experimentell den Energieverbrauch von Ventilatoren untersuchte, legte er seinen Schwerpunkt auf die Lüftungs- und Klimatechnik. Nach einer kurzen Tätigkeit in einem Ingenieurbüro wechselte er zu einer großen Prüfgesellschaft, um dort eine langjährige Tätigkeit als Sachverständiger für Gebäudetechnik anzunehmen. Hier war er mit vielen Gebieten der technischen Gebäudeausrüstung und der Qualitätssicherung befasst. Für einen besseren Einblick in die betriebswirtschaftlichen Zusammenhänge nahm er ein Abendstudium der Betriebswirtschaft auf, dass er 2003 erfolgreich beendete. Die Ausbildung und Erlangung der Anerkennung als Prüfsachverständiger für technische Anlagen im Jahr 2005 war ein weiterer wichtiger Meilenstein. Mit dem Wechsel zum TÜV Rheinland übernahm er 2010 die Leitung des Geschäftsfelds Elektro- und Gebäudetechnik. In dieser Funktion ist er für die Länder Berlin und Brandenburg verantwortlich. *Dirk Borrmann* ist ehrenamtlich als Vorstandsmitglied bei der Gesundheitstechnischen Gesellschaft (GG) in Berlin, als Mitglied in der Fachsektion Brandschutz und im Ausschuss für das Prüfsachverständigenwesen der Brandenburgischen Ingenieurkammer (BBIK), in der Arbeitsgemeinschaft Schadenverhütung (AGS), in der Arbeitsgemeinschaft Betrieblicher Brandschutz Berlin (AGBB) sowie als Mitglied des VDI in den VDI-Richtlinienausschüssen VDI 3819 Blatt 1, VDI 6010 Blatt 1, Blatt 2 und Blatt 3 tätig. Er hat Fachbeiträge zum Brandschutz u. a. im Fachbuch „Wohnungslüftung“ (Beuth Verlag) verfasst und war als Autor am Kommentar zur VDI 6010 Blatt 3 Vollprobetest (Beuth Verlag) beteiligt.

Dipl. Chem. Ing; Dipl. Wirtschaftsing. (FH) *Achim Ernst*

Chefingenieur Brandfallsteuerungen, Senior-Projektleiter bei der Gruner AG in Basel

Achim Ernst war zunächst fünf Jahre in der Projektierung tätig. Danach leitete er sechs Jahre eine Entsorgungsanlage und war auch für den Verkauf zuständig. Seit 2001 ist er in der Gruner AG in Basel als Sicherheitsingenieur beschäftigt. Seit über 15 Jahren plant er Brandfallsteuerungen, indem er Konzepte und Brandfallsteuermatrizen erstellt. Außerdem organisiert und leitet er Wirk-Prinzip-Prüfungen. Bei den Projekten handelt es sich um anspruchsvolle Gebäudekomplexe wie Stadien mit Mantelnutzungen, Einkaufszentren, Hochhäuser etc. Bei einigen dieser Objekte betreut er – teilweise seit einigen Jahren – die wiederkehrenden Wirk-Prinzip-Prüfungen.

Er ist Dozent an der Schweizerischen Technischen Fachschule in Winterthur und Mitglied in den VDI-Richtlinienausschüssen VDI 6010 Blatt 1, Blatt 3 und Blatt 4.

Dipl.-Ing. (FH) *Frank Lucka*, M.Eng.
Geschäftsführer Sachverständigenbüro PVT mbH, Prenzlau
ö.b.u.v. Sachverständiger für Heizungstechnik
Prüfsachverständiger für sicherheitstechnische Gebäudeausrüstung
Geprüfter Sachverständiger für vorbeugenden Brandschutz
(EIPOS/IHK-Bildungszentrum Dresden)

Nach einer Ausbildung zum Heizungsinstallateur und einer Tätigkeit in der Bauausführung und als Lehrausbilder auf diesem Gebiet begann *Frank Lucka* einen 1. Studiengang der Versorgungstechnik in Erfurt mit Spezialisierung auf dem Gebiet der Heizungs-, Lüftungs- und Entrauchungstechnik. Im 2. Studiengang erfolgte die Spezialisierung auf dem Gebiet der Gebäudeautomation. Seit Beginn der Tätigkeit als Ingenieur ist er als Dozent in verschiedenen Aus- und Weiterbildungen für Ingenieure, Techniker, Feuerwehren und Behörden aktiv. Parallel zur Tätigkeit als Fachplaner begann er als Sachverständiger zu arbeiten, seit 2006 ist er ausschließlich als Sachverständiger für Gerichte, private und öffentliche Auftraggeber sowie als Prüfsachverständiger tätig. *Frank Lucka* ist bauaufsichtlich anerkannter Prüfsachverständiger auf allen Fachgebieten der prüfpflichtigen Anlagen. Parallel zu seiner beruflichen Tätigkeit qualifizierte er sich berufsbegleitend als Fachplaner für baulichen und anlagentechnischen Brandschutz sowie als geprüfter Sachverständiger für Brandschutz. Der Ausbildungsweg wurde in einem postgradualen Studium zum Master of Engineering für vorbeugenden Brandschutz wissenschaftlich ergänzt. Ehrenamtlich ist *Frank Lucka* aktiv als Vorsitzender der Fachsektion Brandschutz bei der Brandenburgischen Ingenieurkammer (BBIK) und seit 2017 als Unterausschussvorsitzender für sicherheitstechnische Gebäudeausrüstung im Prüfungsausschuss der BBIK zur Prüfung von Prüfsachverständigen aller Bundesländer im Rahmen ihres Anerkennungsverfahrens, dem er seit seiner Gründung angehört. Er ist Mitglied in den VDI-Richtlinienausschüssen VDI 6010 Blatt 1, Blatt 2 und Blatt 3, VDI 3819 Blatt 1 und Blatt 2 sowie in der Vereinigung zur Förderung des Brandschutzes (vfdb), dem VDI und dem VBI.

Bastian Nagel VDI, M.Eng.

Spezialist für Normen und Richtlinien bei Hekatron Brandschutz

Nach einer kaufmännischen Berufsausbildung hat *Bastian Nagel* Rettungsingenieurwesen an der Fachhochschule in Köln studiert. Während dieser Zeit sammelte er erste Erfahrungen im Zusammenhang mit der Konzeptionierung und Planung sicherheitstechnischer Anlagen (Safety und Security).

Nach Abschluss des Bachelorstudiums war *Bastian Nagel* zunächst als Projektingenieur und später als Projektleiter sowie stellvertretender Teamleiter für Brandfallsteuerungen in einem Schweizer Ingenieurbüro tätig. Dort verantwortete er unter anderem die Konzeptionierung und Erstellung von Brandfallsteuerungsmatrizen sowie die Organisation, Durchführung und Leitung von Integralen Tests (Vollprobetests/Wirk-Prinzip-Prüfungen).

Parallel zu seiner beruflichen Tätigkeit bildete sich *Bastian Nagel* im Bereich des baulichen Brandschutzes sowie der Sicherheitstechnik fort. Das entsprechende Masterstudium an der TU Kaiserslautern schloss er 2017 erfolgreich ab.

Seit 2015 ist *Bastian Nagel* für die Hekatron Vertriebs GmbH tätig. Dort befasst er sich insbesondere mit Normen und Richtlinien aus dem Bereich des anlagentechnischen Brandschutzes, zunächst als Schulungsreferent und seit Oktober 2017 als Spezialist im Produktmanagement. Er arbeitet in mehreren Normungs- und Richtlinienausschüssen bei DIN, DKE und VDI mit (darunter auch VDI 6010 Blatt 1, Blatt 2 und Blatt 3) und engagiert sich zudem als Dozent im Bereich des anlagentechnischen Brandschutzes.

Steffen Tietze, Dipl.-Ing., M.Eng.

Büroinhaber tietze.brandschutz

Geprüfter Sachverständiger für vorbeugenden und gebäudetechnischen Brandschutz (EIPOS/IHK-Bildungszentrum Dresden)

Nach einer Ausbildung zum Baufacharbeiter und dem gleichzeitigen Abiturabschluss begann *Steffen Tietze* das Studium der Architektur an der Bauhaus-Universität in Weimar. Nach dem Abschluss des Studiums war er neun Jahre in der Projektierung tätig. 2005 gründete *Steffen Tietze* das Architekturbüro tietze.architekten. Parallel zu seiner beruflichen Tätigkeit absolvierte er das postgraduale Studium zum Master of Engineering für vorbeugenden Brandschutz. Weiterhin qualifizierte er sich zum geprüften Sachverständigen für gebäudetechnischen Brandschutz. Seit dem Abschluss des Studiums Master of Engineering für vorbeugenden Brandschutz bearbeitet er Brandschutzkonzepte und Brandfallsteuermatrizen für Sonderbauten. Bei den Projekten handelt es sich um komplexe Gebäude mit hoher technischer Ausstattung, wie Einkaufs-, Kongresszentren und Krankenhäuser. Neben seiner beruflichen Tätigkeit ist er als Referent im Fachbereich Brandschutz für verschiedene Bildungsträger tätig.

Steffen Tietze ist Mitglied in den VDI-Richtlinienausschüssen VDI 6010 Blatt 1, Blatt 2 und Blatt 3.

Inhaltsverzeichnis

Hinweise zum Lesen der Kommentierung

Die Originaltexte der Richtlinie VDI 6010 Blatt 1 sind grau den jeweiligen Kommentierungen vorangestellt. Hinweise der Autoren sind in normaler Schrift des Buchs dargestellt und stehen hinter den grau hinterlegten Originaltexten. Je nach Länge des Kapitels werden die Originaltexte in sinnvolle Abschnitte unterteilt und mit Kommentierungen versehen. Im Anschluss folgt der nächste Abschnitt des Kapitels inklusive Kommentierung.

Die Reihenfolge der Absätze dieses Kommentars stimmt mit der Reihenfolge der Kapitel der Richtlinie VDI 6010 Blatt 1 überein.

Beispiel eines grau hinterlegten Originaltexts aus der Richtlinie

Einleitung

Bisher wurden sicherheitstechnische Funktionen und der funktionelle Zusammenhang verschiedener Systeme in unterschiedlichen Dokumenten erfasst. Es gibt keine verbindliche Vorgabe, wer wann in welcher Tiefe welche Zusammenhänge dieser Funktionen darstellen soll. Diese Richtlinie soll eine Strukturierung der Beschreibung und Darstellung der Detaillierungsstufen für die Planung und Dokumentation von Funktionen im Gefahrenfall aufzeigen. So soll eine durchgängige und zusammenhängende Anwendbarkeit der notwendigen Dokumente erreicht werden.

Beispiel der zugehörigen Kommentierung

„Vor Erscheinen der Richtlinie VDI 6010 Blatt 1 gab es keine standardisierten Vorgaben zur Erstellung von Gefahrenfallmatrizen. In Projekten wurden individuell erstellte Matrizen verwendet. Die VDI-Richtlinie gibt standardisierte Stufen der Erstellung von Matrizen vor, um die Planungsvorgaben des Zusammenwirkens von technischen Systemen im weiteren Verlauf des Lebenszyklus von Gebäuden umzusetzen und zu dokumentieren ...“

Kommentar zur Richtlinie

Einleitung

Einleitung

Bisher wurden sicherheitstechnische Funktionen und der funktionelle Zusammenhang verschiedener Systeme in unterschiedlichen Dokumenten erfasst. Es gibt keine verbindliche Vorgabe, wer wann in welcher Tiefe welche Zusammenhänge dieser Funktionen darstellen soll. Diese Richtlinie soll eine Strukturierung der Beschreibung und Darstellung der Detaillierungsstufen für die Planung und Dokumentation von Funktionen im Gefahrenfall aufzeigen. So soll eine durchgängige und zusammenhängende Anwendbarkeit der notwendigen Dokumente erreicht werden.

Vor Erscheinen der Richtlinie VDI 6010 Blatt 1 gab es keine standardisierten Vorgaben zur Erstellung von Gefahrenfallmatrizen. In Projekten wurden individuell erstellte Matrizen verwendet. Die VDI-Richtlinie gibt standardisierte Stufen der Erstellung von Matrizen vor, um die Planungsvorgaben des Zusammenwirkens von technischen Systemen im weiteren Verlauf des Lebenszyklus von Gebäuden umzusetzen und zu dokumentieren.

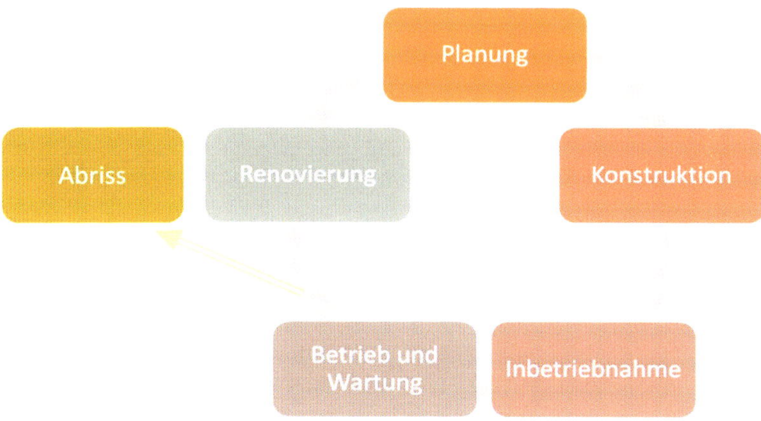

Abbildung 4: Lebenszyklus von Gebäuden

Mit der Anwendung der Richtlinien VDI 6010 Blatt 1 und Blatt 3 existiert eine Durchgängigkeit von der Planung über die Ausführung bis zur Dokumentation des Zusammenwirkens von technischen Anlagen und Einrichtungen. Aus den Matrizen der VDI 6010 Blatt 1 werden im Rahmen des Inbetriebnahmemanagements Prüfpläne gemäß VDI 6010 Blatt 3 erstellt.

1 Anwendungsbereich

1 Anwendungsbereich

Die Richtlinienreihe VDI 6010 gilt für sicherheitstechnische Anlagen und Einrichtungen in Gebäuden und in anderen baulichen Anlagen. Sie soll insbesondere Fachplaner, Bauherren und Betreiber, Behörden und ausführende Firmen bei der Planung und Ausführung sowie dem Betrieb von systemübergreifenden Funktionen in der Sicherheitstechnik mit Vorgehensweisen und Empfehlungen unterstützen.

In dieser Richtlinie sind Abläufe, Hilfsmittel und Dokumente dargestellt, die eine grundsätzliche Hilfe für die Definition und Planung von systemübergreifenden Schnittstellen bei Gesamtsystemen anbieten. Die in dieser Richtlinie dargestellten Hilfsmittel, z. B. Matrizen, bilden die Grundlage für die Beschreibung und Darstellung von Szenarien gemäß VDI 6010 Blatt 3 bei Vollprobetests, darunter auch bei Wirk-Prinzip-Prüfungen und weiteren Prüfungen.

Bei vielen Bauvorhaben gibt es Probleme bei der Dokumentation sowie der Prüfung von funktionellen Zusammenhängen bei verknüpften Systemen. Eine standardisierte Vorgabe einer Darstellung dieser Verknüpfungen war bisher im Markt nicht existent. So hat jeder Planer die Funktionszusammenhänge in eigenen Matrizen dargestellt, die Ausführenden haben diese dann weitergeführt oder die Informationen in eigene Matrizen überführt, der Prüfende hatte gegebenenfalls wieder eigene Matrizen oder Prüfdokumente, die nicht zwingend auf den vorhergehenden Unterlagen aufbauen. In vielen Bauvorhaben war dann nur die Prüfbescheinigung prüfpflichtiger Anlagen die „Dokumentation der funktionellen Zusammenhänge“. Matrizen wurden nicht in die Dokumentation überführt und der Betreiber hat keine Nachweise über die funktionellen Zusammenhänge des Gebäudes. Um allen Beteiligten eine auf sich aufbauende Planungs- und Dokumentationsgrundlage zur Verfügung zu stellen, wurden die Richtlinien VDI 6010 Blatt 1 (Planungsgrundlage) und VDI 6010 Blatt 3 (Prüfplan für Prüfungen auf Basis der Matrizen der VDI 6010 Blatt 1) erstellt.

VDI 6010 Blatt 1 beschreibt neben der Art der Dokumentation auch die Planungsschritte und die erforderlichen Grundlagen bzw. Dokumente.

Nur bei einer auf sich aufbauenden Planungs- und Dokumentationsunterlage hat der Betreiber im Gebäudebetrieb bei wiederkehrenden Prüfungen und Umbauten eine Möglichkeit, das Gebäude im Sinne des Bauordnungsrechts zu betreiben (siehe hierzu auch Abbildung 5) und Änderungen an den Systemen nachhaltig zu dokumentieren.

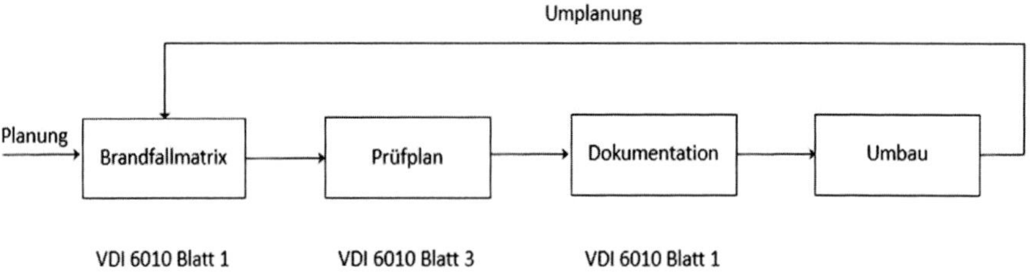

Abbildung 5: Ablauf und Dokumente am Beispiel einer Brandfallsteuerung

2 Normative Verweise

2 Normative Verweise

Die folgenden zitierten Dokumente sind für die Anwendung dieser Richtlinie erforderlich:

VDI 3819 Blatt 1:2016-01 Brandschutz für Gebäude; Grundlagen für die Gebäudetechnik; Begriffe, Gesetze, Verordnungen, technische Regeln

VDI 4700 Blatt 1:2015-10 Begriffe der Bau- und Gebäudetechnik

Ergänzend zu den in der Richtlinie VDI 6010 Blatt 1 im Kapitel 2 genannten normativen Verweisen gibt es eine Reihe von technischen Regelwerken, in denen Hinweise und Begriffe zu notwendigen Planungs- und Dokumentationsunterlagen (z. B. Matrizen) enthalten sind. Dabei gilt bei allen Gefahrenfällen: Bei Eintreten einer Gefahr (erfasst durch eine Quelle) werden durch Ansteuerung von Senken festgelegte Szenarien von Maßnahmen realisiert.

Die Richtlinie VDI 6010 Blatt 1 standardisiert die Darstellung von Kommunikationszusammenhängen und Szenarien für alle Gefahrenfälle.

In Anhang A wurden einige technische Regelwerke aufgezeigt, die Hinweise zur Planung und Dokumentation bei Gefahrenfällen geben. Zum Beispiel ist in Anhang A2 der VDI 6010 Blatt 1 die Normenreihe DIN 14675 genannt, da dort Anforderungen an die Planung, Ausführung, den Betrieb von Brandmeldeanlagen und die dabei notwendigen Dokumente beschrieben werden.

Die Richtlinie VDI 6010 Blatt 1 ist eine Ergänzung zu bestehenden und in der Richtlinie genannten technische Regelwerken (z. B. VDE 0833, DIN 14675, VdS 3521).

3 Begriffe

3 Begriffe

Für die Anwendung dieser Richtlinie gelten die Begriffe nach VDI 3819 Blatt 1, VDI 4700 Blatt 1 und die folgenden Begriffe:

Anlagenkonzept
Beschreibung aller Aufgaben und Funktionen einer technischen Anlage

Brandfallsteuermatrix
Steuermatrix für Brandereignisse

Gefahrenfall
Situation, die zu einem Schadenereignis mit negativen Folgen für Personen, Sachwerte oder Umwelt führen kann

Gefahrenfallsteuermatrix
gesamtheitliche Zusammenführung der Matrizen für einzelne →Gefahrenfälle

Anmerkung 1: Besteht aus der Gefahrenfallsteuermatrix „Planung“ (z.B. erstellt durch Fachplaner) und wird weitergeführt zur Gefahrenfallsteuermatrix „Ausführung/ Dokumentation“ (weitergeführte Gefahrenfallsteuermatrix „Planung“ während der Montage bis zur Fertigstellung als Revisionsunterlage).

Anmerkung 2: Es sind insbesondere die Wechselwirkungen zwischen den einzelnen Gefahrenfällen zu erfassen und zu dokumentieren, gegebenenfalls sind Vorgängerdokumente anzupassen.

Anmerkung 3: Planänderungen erfordern in der Folge eine Anpassung aller weiteren Dokumente.

Anmerkung 4: Die Gefahrenfallsteuermatrix beschreibt mindestens einen Gefahrenfall.

Gesamtsicherungskonzept (GSiK)
aus den Sicherungskonzepten für die einzelnen Gefahrenfälle (→Gefahrenfall) zusammengeführtes und koordiniertes übergeordnetes Sicherungskonzept für alle Gefahrenfälle eines Gebäudes oder einer baulichen Anlage

Anmerkung 1: Das Gesamtsicherungskonzept wird erforderlich, wenn für ein Gebäude mehrere Sicherungskonzepte für einzelne Gefahrenfälle vorhanden sind und diese miteinander koordiniert werden müssen.

Anmerkung 2: Gegebenenfalls kann es erforderlich werden, aufgrund der Gesamtfunktionalität die Sicherungskonzepte für den einzelnen Gefahrenfall nachzupflegen.

Anmerkung 3: Das →Gesamtsteuerungskonzept fließt gemeinsam mit den baulichen und organisatorischen Maßnahmen in das Gesamtsicherungskonzept ein.

Gesamtsteuerungskonzept (GStK)

aus den Steuerungskonzepten für die einzelnen →Gefahrenfälle zusammengeführtes und koordiniertes übergeordnetes Steuerungskonzept für alle Gefahrenfälle eines Gebäudes oder einer baulichen Anlage

Anmerkung 1: Ein Gesamtsteuerungskonzept wird erforderlich, wenn für ein Gebäude mehrere Steuerungskonzepte für einzelne Gefahrenfälle vorhanden sind und diese aufgrund von Wechselwirkungen miteinander koordiniert werden müssen.

Anmerkung 2: Gegebenenfalls kann es erforderlich werden, aufgrund der Gesamtfunktionalität die Steuerungskonzepte für den einzelnen Gefahrenfall nachzupflegen.

Sicherheitskonzept

Zusammenstellung von Schutzzielen, die sich aus der Risikobeurteilung ergeben

Anmerkung 1: Das Sicherheitskonzept berücksichtigt sowohl die Risiken und Gefahren innerhalb des Objekts, des Unternehmens oder der Veranstaltung als auch die von und nach außerhalb. Es ist in Abhängigkeit von der Größe und Art des Objekts, des Unternehmens oder der Veranstaltung und den Risiken unterschiedlich. Es stellt die Schutzziele zusammen und umfasst auch das Gefahrenabwehrmanagement.

***sicherheitstechnisches Steuerungskonzept für den Gefahrenfall Brand* (sSK)**

Steuerungskonzept, das im Gefahrenfall „Brand“ eingesetzt wird

Anmerkung: Das sicherheitstechnische Steuerungskonzept ist ein Steuerungskonzept für den Gefahrenfall eines Brandereignisses und sollte Bestandteil eines Brandschutzkonzepts oder des Brandschutznachweises sein.

Sicherungskonzept für den einzelnen Gefahrenfall

Gesamtheit der festgelegten organisatorischen, personellen, technischen und baulichen Maßnahmen zur Sicherung und/oder zur Abwehr von Risiken und Gefahren für den einzelnen Gefahrenfall [in Anlehnung an VDE 0833-1]

Anmerkung 1: Die im Sicherungskonzept beschriebenen Maßnahmen basieren auf den im →Sicherheitskonzept festgelegten Schutzzielen für den jeweiligen →Gefahrenfall.

Anmerkung 2: Die Maßnahmen aus dem Brandschutzkonzept bzw. dem Brandschutznachweis stellen den Teil eines Sicherungskonzept für den Gefahrenfall Brand dar, in dem die baulichen und technischen sowie die organisatorischen und personellen Maßnahmen zur Sicherung des Brandschutzes aufgrund der geforderten Schutzziele des Sicherheitskonzepts (z. B. aus der Bauordnung, dem Arbeitsschutz) festgelegt sind. Die Schutzziele für den Brandschutz werden u.a. in VDI 3819 Blatt 2 definiert.

Anmerkung 3: Die aus den Sicherheitskonzepten für weitere Gefahren (z. B. Einbruch, Terror/Amok, Störfall, Gasfreisetzung) abgeleiteten Maßnahmen sind Bestandteile des Gesamtsicherungskonzepts.

Steuermatrix für den einzelnen Gefahrenfall
tabellarische Darstellung der für den einzelnen →Gefahrenfall geplanten Abhängigkeiten der Funktion des bestimmungsgemäßen Zusammenwirkens angesteuerter technischer Anlagen und Einrichtungen (Senken) von den detektierenden Elementen wie Sensoren, Meldern, Meldergruppen (Quellen) einer Gefahrenmeldeanlage oder einer sicherheitsgerichteten Steuerung

Anmerkung 1: Die Steuermatrix für den einzelnen Gefahrenfall ist ein Planungswerkzeug, um das bestimmungsgemäße Zusammenwirken der technischen Anlagen für den jeweiligen Gefahrenfall darzustellen.

Anmerkung 2: Bisher auch als Funktions- und Schnittstellenmatrix bezeichnet.

Steuerungskonzept für den einzelnen Gefahrenfall (StK)
konzeptionelle Festlegung der Funktionen und Wechselwirkungen bzw. Verknüpfungen zwischen den im Sicherungskonzept und in den Anlagenkonzepten definierten Anlagen und Einrichtungen für den einzelnen →Gefahrenfall

Anmerkung 1: Für Steuerungskonzepte für den Gefahrenfall im Bereich des Brandschutzes für das Zusammenwirken technischer Anlagen ist der Begriff →„sicherheitstechnisches Steuerungskonzept für den Gefahrenfall Brand (sSK)" zu verwenden.

Anmerkung 2: Bestandteile des Konzepts können verbale Beschreibungen, Pläne, Diagramme oder Tabellen sein.

Anmerkung 3: Das Steuerungskonzept für den einzelnen Gefahrenfall ist Bestandteil eines Sicherungskonzepts. Es wird oft in einer allgemeinen beschreibenden Form erstellt. Eine zusätzlich tabellarische Darstellung ist vorteilhaft, da hieraus die Steuermatrix für den einzelnen Gefahrenfall weiterentwickelt werden kann.

In der Vergangenheit wurden für die Dokumente, die es bei der Festlegung von Steuerungen für Gefahrenfälle zu erstellen gilt, verschiedene Begrifflichkeiten genutzt. So wird das „sicherheitstechnische Steuerungskonzept für den Gefahrenfall Brand" in anderen Veröffentlichungen beispielsweise als „Matrix-Grobkonzept"[1)] oder als „Brandfallmatrixkonzept"[2)] bezeichnet. Die in VDI 6010 Blatt 1 enthaltenden Begriffsdefinitionen sorgen nun für ein standardisiertes Verständnis von Begrifflichkeiten im Zusammenhang mit Steuerungen sicherheitstechnischer Anlagen und Einrichtungen.

Bei der Erarbeitung von VDI 6010 Blatt 1 wurde Wert darauf gelegt, dass bereits in anderen technischen Regelwerken (Normen, Richtlinien) definierte Begriffe bedeutungsgleich genutzt werden. Gleichzeitig war es das Ziel,

---

1) AHO-Fachkommission Brandschutz. 2015. Heft 17. Leistungen für Brandschutz. 3., vollständig überarbeitete Auflage: Köln: Bundesanzeiger Verlag

2) *Kraft, Markus* und *Roszak, Martin*. 2014. Praxiswissen Brandschutz. Brandfallmatrix. Köln: FeuerTRUTZ. ISBN 978-86235-222-7

zusätzliche Definitionen nur dann einzuführen, wenn noch keine entsprechenden Auslegungen vorliegen.

Um dieses Vorgehen zu ermöglichen, wurden wissenschaftliche Auslegungen zu bestimmten Begriffen (z. B. Differenzierung zwischen Gefahr und Gefährdung bzw. zwischen Sicherheit und Sicherung) weitestgehend außer Acht gelassen.

Für den Gefahrenfall „Brand“ existieren bereits Begrifflichkeiten, die in der Fachwelt entweder allgemeingebräuchlich sind oder in bauordnungsrechtlich bereitgestellten Unterlagen genutzt werden. Gleichzeitig war es beim Erstellen von VDI 6010 Blatt 1 wichtig, diese Begriffe allgemeingültig auch für andere Gefahrenfälle zu definieren. Aus diesem Grund werden einzelne Begriffe für den Gefahrenfall „Brand“ und für Gefahrenfälle im Allgemeinen jeweils separat definiert.

Das richtige Verständnis der nachfolgend erläuterten Begrifflichkeiten sowie deren Verwendung beim Anwenden der Richtlinie trägt in hohem Maße zum Ziel der Richtlinie bei, Prozesse und Abläufe hinsichtlich systemübergreifender Kommunikationsdarstellungen zu vereinfachen.

Während die Begriffsdefinitionen in der Richtlinie alphabetisch angeordnet sind, werden die Begriffe nachfolgend in der Reihenfolge beschrieben, in der sie auch im Entstehungsprozess einer Gefahrenfallsteuermatrix anzuwenden sind. Dabei ist zu beachten, dass die einzelnen Konzepte häufig auch in einem Dokument gemeinsam dargestellt werden. So beinhaltet beispielsweise ein Brandschutzkonzept die Ergebnisse aus Risikobeurteilung und Sicherheitskonzept, das Sicherungskonzept sowie das sicherheitstechnische Steuerungskonzept für den Gefahrenfall Brand.

Bevor auf die Dokumente im Einzelnen eingegangen wird, soll jedoch der Systembegriff im Sinne der Richtlinie erläutert werden:

System

VDI 6010 Blatt 1 fasst sicherheitstechnische Anlagen und sicherheitstechnische Einrichtungen als Systeme zusammen. Gemäß VDI 4700 Blatt 1 ist ein System eine „Menge von Objekten oder Elementen, die untereinander in Beziehung stehen mit dem Zweck, eine gemeinsame Funktion zu erfüllen“. Die Systemgrenzen je Anlage/Einrichtung sind für jeden Einzelfall individuell festzulegen. Diese Festlegung kann sich durch Vorgaben aus verschiedenen Regelwerken (z. B. Bauartgenehmigungen, Normen, Richtlinien) ergeben oder projektspezifisch festgelegt werden.

So könnte beispielsweise bei einer maschinellen Rauchabzugsanlage (MRA) projektspezifisch festgelegt werden, dass das System MRA aus den motorisch betriebenen Türen und Fenstern zur Nachströmung, aus den Absaugventilatoren sowie aus der zugehörigen Entrauchungssteuerung besteht.

Je System muss die Koordination aller Bestandteile des Systems definiert und die Verantwortung dafür eindeutig geregelt sein. Darüber hinaus muss für jedes System ein Anlagenkonzept vorliegen.

Nutzungskonzept

Unter dem Begriff des Nutzungskonzepts ist die konzeptionelle Festlegung der Nutzung eines Gebäudes oder einer baulichen Anlage zu verstehen. Aus dieser Festlegung muss sich nicht nur die konkrete Nutzung einzelner Teilbereiche ableiten lassen, sondern auch unterschiedliche Betriebszustände (z. B. Tag/Nacht, Werktag/Wochenende/Feiertag). Zudem sind im Nutzungskonzept auch betriebliche und organisatorische Abläufe zu beschreiben. Das Nutzungskonzept (oder besser: Nutzungs- und Betriebskonzept) stellt eine der wichtigsten Grundlagen für die Risikobeurteilung dar.

Risikobeurteilung

Der Begriff „Risikobeurteilung" ist in zahlreichen technischen Regelwerken definiert. Auch wenn die Detailbeschreibungen zum Teil voneinander abweichen, setzt sich eine Risikobeurteilung stets aus einer Risikoanalyse (Identifikation und Einschätzung von Risiken) und einer Risikobewertung zusammen. Da die Risikobeurteilung die Grundlage für die im Anschluss zu erarbeitenden Sicherheits- und Sicherungskonzepte ist, muss im Zuge ihrer Erstellung darauf geachtet werden, dass für das Erstellen Fachwissen aus allen relevanten Bereichen vorhanden ist.

In VDI 6010 Blatt 1 wird der Begriff der Risikobeurteilung gleichbedeutend mit der im Arbeitsstättenrecht geforderten Gefährdungsbeurteilung verwendet.

Ziel der Risikobeurteilung im Sinne der VDI 6010 Blatt 1 ist es, mögliche Gefahren für ein Gebäude oder eine bauliche Anlage zu identifizieren sowie zu bewerten. Dabei müssen sowohl Gefahren berücksichtigt werden, die auf die bauliche Anlage einwirken können, als auch solche, die von ihr ausgehen können. Für alle im Zuge der Risikobeurteilung als nicht akzeptabel eingestuften Risiken sind im nachfolgenden Sicherheitskonzept konkrete Schutzziele zu definieren, mit deren Einhaltung das Restrisiko auf ein akzeptables Maß reduziert werden kann.

Eine Übersicht mit möglichen Fragen, die insbesondere im Rahmen der Risikoanalyse gestellt werden könnten, ist in Kapitel 6 dargestellt.

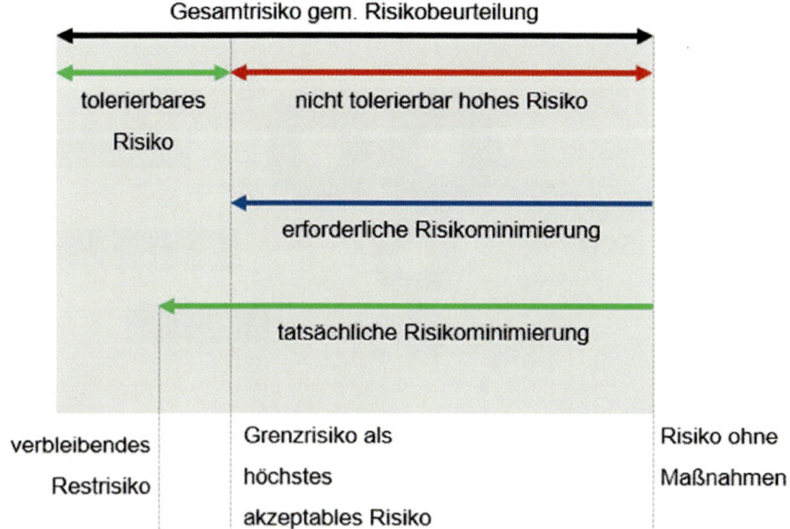

Abbildung 6: Begriffe in der Risikobeurteilung

Sicherheitskonzept

Das Sicherheitskonzept baut auf der Risikobeurteilung auf. Für jeden Gefahrenfall, für den ein untolerierbar hohes Risiko (siehe Abbildung 6) ermittelt wurde, ist ein Sicherheitskonzept zu erstellen. In diesem Konzept sind Schutzziele zu benennen, die zur Reduzierung des Risikos bis hin zum Grenzrisiko erreicht werden müssen.

Diese Schutzziele müssen dabei auf das betrachtete Gebäude bzw. die betrachtete bauliche Anlage konkret zugeschnitten sein. So genügt es im Brandfall beispielsweise nicht, auf die allgemeinen Schutzzieldefinitionen aus § 14 der Musterbauordnung (MBO) Bezug zu nehmen. Vielmehr ist – beispielsweise bezogen auf die Selbstrettung – konkret festzulegen, welche Bedingungen erfüllt sein müssen, damit die Selbstrettung tatsächlich möglich ist.

Sicherungskonzept für den einzelnen Gefahrenfall

Um die im Sicherheitskonzept definierten Schutzziele zu erreichen, sind für alle als inakzeptabel eingestuften Gefahren verschiedene Maßnahmen erforderlich. Dabei handelt es sich stets um bauliche, technische, organisatorische und personenbezogene Maßnahmen. Die Gesamtheit all dieser Maßnahmen wird in DIN VDE 0833-1*VDE 0833-1:2014-10 als Sicherungskonzept bezeich-

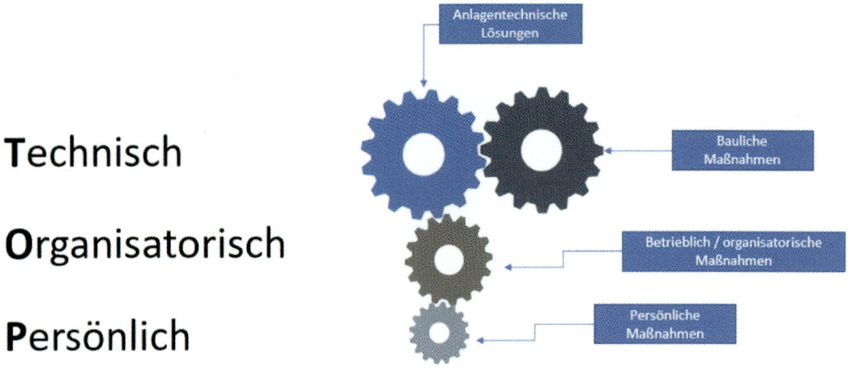

Anlagentechnische Lösungen

Technisch

Bauliche Maßnahmen

Organisatorisch

Betrieblich / organisatorische Maßnahmen

Persönlich

Persönliche Maßnahmen

Abbildung 7: TOP-Prinzip

net. Der Begriff „Sicherung“ bezieht sich somit nicht ausschließlich auf die Abwehr von Gefahren durch böswilliges Handeln, sondern auf Maßnahmen zur Risiko- bzw. Schadensminimierung im Allgemeinen.

Bei der Festlegung der Maßnahmen im Sicherungskonzept ist das aus dem Arbeitsstättenrecht bekannte TOP-Prinzip zu berücksichtigen. Dieses Prinzip besagt, dass technische Maßnahmen stets organisatorischen Maßnahmen vorzuziehen sind. Gleichzeitig sind organisatorische Maßnahmen personenbezogenen Schutzmaßnahmen vorzuziehen (siehe Abbildung 7).

Die im Sicherungskonzept festgelegten Maßnahmen müssen stets aufeinander abgestimmt sein, da sie beim Eintritt des Gefahrenfalls wie Zahnräder ineinandergreifen müssen. Somit ist bei jeder Änderung einzelner Maßnahmen zu prüfen, welche Anpassungen hierdurch an den weiteren, festgelegten Maßnahmen erforderlich sind.

Zur Festlegung der Maßnahmen gehört nicht nur deren bloße Benennung, sondern auch eine Beschreibung des jeweiligen Schutzumfangs. Diese Beschreibung muss einerseits so genau wie nötig sein, um die Erstellung der auf dem Sicherungskonzept aufbauenden Anlagenkonzepte zu ermöglichen; andererseits muss sie jedoch auch so global wie möglich sein, um verschiedene gleichwertige technische Lösungsansätze nicht von vornherein zu verhindern. Ein Bezug zu technischen Regeln im Sicherungskonzept kann helfen, die Anforderungen für die spätere Planung zu konkretisieren.

In Abbildung 8 wird am Beispiel der Planung der Brandmeldung, der Alarmierung und der Brandfallsteuerung dargestellt, welche Vorgaben im Brandschutzkonzept (= Sicherungskonzept für den Gefahrenfall „Brand“) erforder-

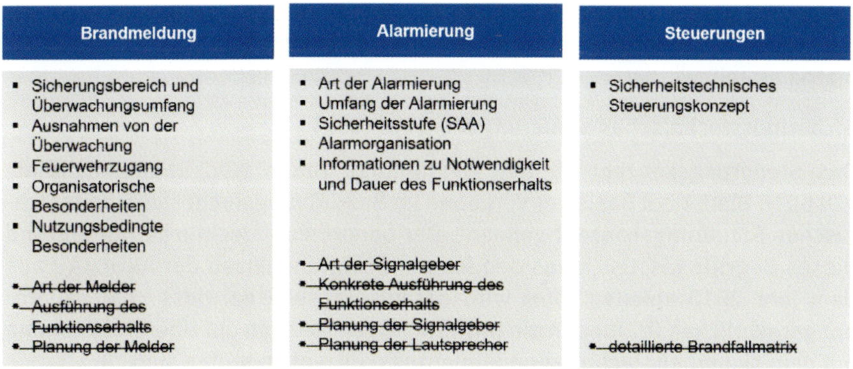

Brandmeldung	Alarmierung	Steuerungen
▪ Sicherungsbereich und Überwachungsumfang ▪ Ausnahmen von der Überwachung ▪ Feuerwehrzugang ▪ Organisatorische Besonderheiten ▪ Nutzungsbedingte Besonderheiten ▪ ~~Art der Melder~~ ▪ ~~Ausführung des Funktionserhalts~~ ▪ ~~Planung der Melder~~	▪ Art der Alarmierung ▪ Umfang der Alarmierung ▪ Sicherheitsstufe (SAA) ▪ Alarmorganisation ▪ Informationen zu Notwendigkeit und Dauer des Funktionserhalts ▪ ~~Art der Signalgeber~~ ▪ ~~Konkrete Ausführung des Funktionserhalts~~ ▪ ~~Planung der Signalgeber~~ ▪ ~~Planung der Lautsprecher~~	▪ Sicherheitstechnisches Steuerungskonzept ▪ ~~detaillierte Brandfallmatrix~~

Abbildung 8: Erforderliche und zu detaillierte (hier durchgestrichene) Beschreibungen eines Brandschutzkonzepts bezogen auf Brandmeldung, Alarmierung und Brandfallsteuerung (Quelle: Hekatron Brandschutz)

lich sind und welche die technischen Möglichkeiten zur Schutzzielerreichung einschränken.

Steuerungskonzept für den einzelnen Gefahrenfall (StK)

Insbesondere für die im Sicherungskonzept festgelegten anlagentechnischen Maßnahmen sind die Funktionen und das Zusammenwirken festzulegen. Dies geschieht im Steuerungskonzept für den einzelnen Gefahrenfall, das nach Fertigstellung wiederum Bestandteil des Sicherungskonzepts für den einzelnen Gefahrenfall wird.

Da die Nachvollziehbarkeit von Steuerungen und Verknüpfungen allein aus verbalen Beschreibungen oft schwer nachvollziehbar ist, sollten Steuerungskonzepte ergänzend zu den textlichen Festlegungen auch aus Tabellen, Funktionsschemata und/oder Plänen bestehen. Auf die textliche Festlegung kann in der Regel jedoch nicht vollständig verzichtet werden, da wiederum nicht alle Beziehungen und Randbedingungen (z. B. Zweimeldungsabhängigkeiten, adaptive Steuerungen) grafisch bzw. tabellarisch dargestellt werden können.

Wie auch beim Sicherungskonzept ist es bei der Erstellung des Steuerungskonzepts für den einzelnen Gefahrenfall wichtig, dass dieses so detailliert wie nötig und gleichzeitig so offen wie möglich gestaltet wird. Zu detaillierte Festlegungen (z. B. konkrete Benennung von Anlagennummern) schränken die Flexibilität sowie die technischen Möglichkeiten im Rahmen der weiteren Konzeptionierungen ein.

Insbesondere aus den tabellarischen Festlegungen im Steuerungskonzept für den einzelnen Gefahrenfall kann im weiteren Verlauf die Gefahrenfallsteuermatrix erstellt werden.

Sicherheitstechnisches Steuerungskonzept (sSK)

Das Steuerungskonzept für den Gefahrenfall Brand wird in der Richtlinie VDI 6010 Blatt 1 auf Basis der Vorgaben im Bauordnungsrecht sicherheitstechnisches Steuerungskonzept genannt. Der bauordnungsrechtliche Hintergrund dieses Begriffs lässt sich aus den Muster-Prüfgrundsätzen der ARGEBAU aus dem Jahr 2010 ableiten. Dort wird darauf hingewiesen, dass „bei bauordnungsrechtlichen Prüfungen die prüfpflichtigen Anlagen auf Übereinstimmung mit dem sicherheitstechnischen Steuerungskonzept zu prüfen sind.“[3)]

Das sicherheitstechnische Steuerungskonzept ist Bestandteil des Sicherungskonzepts für den Brandfall und somit Bestandteil des Brandschutznachweises/-konzepts. Die Verantwortung für die Erstellung dieses Konzepts liegt somit beim Ersteller des Brandschutznachweises/-konzepts.

Hinweis: Sofern die Vorgaben zur Reduzierung des Brandrisikos nicht aus dem Bauordnungsrecht, sondern beispielsweise aus Versicherungsauflagen stammen, kann auch vom „Steuerungskonzept für den Gefahrenfall Brand“ gesprochen werden.

Anlagenkonzept

Anlagenkonzepte bauen auf den Festlegungen des Sicherungskonzepts auf. Sie sind auch in anderen technischen Regelwerken beschrieben. So beschreiben beispielsweise im Bereich der Brandmelde- und Alarmierungstechnik DIN 14675-1 und DIN VDE 0833-2*VDE 0833-2 das Brandmelde- und Alarmierungskonzept und DIN VDE 0833-4*VDE 0833-4 das Konzept für Sprachalarmanlagen.

In den Anlagenkonzepten werden – aufbauend auf den Sicherungskonzepten für die einzelnen Gefahrenfälle – die grundlegenden Anforderungen an die unterschiedlichen Anlagen aus unterschiedlichen Rechtsgebieten (z. B. Brandschutz, Arbeitsschutz, Umweltschutz) sowie aus privatrechtlichen Vorgaben (z. B. Versicherungsauflagen, Nutzungskonzepte, Gestaltungskonzepte) zusammengefasst. Darüber hinaus werden die technischen Funktionen und Anforderungen der jeweiligen Anlage bzw. des jeweiligen Systems beschrieben.

---

3) Arbeitskreis Technische Gebäudeausrüstung der Fachkommission Bauaufsicht 2010. Grundsätze für die Prüfung technischer Anlagen entsprechend der Muster-Prüfverordnung durch bauaufsichtlich anerkannte Prüfsachverständige (Muster-Prüfgrundsätze). Berlin: ARGEBAU

Gesamtsicherungskonzept

Sofern im Zuge der Risikobeurteilung für mehrere Gefahrenfälle ein nicht tolerierbar hohes Risiko ermittelt und zu dessen Reduzierung in einem Sicherungskonzept Maßnahmen beschrieben wurden, ist es wichtig, die Wechselwirkungen sicherheitstechnischer Systeme für die einzelnen Gefahrenfälle miteinander abzugleichen.

Ohne einen solchen Abgleich kann es beispielsweise vorkommen, dass ein für einen bestimmten Gefahrenfall vorgesehenes System (z. B. Einbruchmeldeanlage) die Funktion des für einen anderen Gefahrenfall vorgesehenen Systems (z. B. Entriegelung von Notausgängen) verhindert.

Dieser Abgleich erfolgt im sogenannten Gesamtsicherungskonzept. Dabei sind neben den Sicherungskonzepten für die einzelnen Gefahrenfälle auch die Anlagenkonzepte mit einzubeziehen. Im Zuge dieses Abgleichs kann es erforderlich werden, einzelne Sicherungskonzepte nachträglich anzupassen.

Um beispielsweise im Bereich des Bauordnungsrechts zu vermeiden, dass sich die eingereichten Bauvorlagen noch einmal ändern, sollte die Bauantragsstellung erst nach Fertigstellung des Gesamtsicherungskonzepts erfolgen.

Steuermatrix für den einzelnen Gefahrenfall

Auf Basis des Gesamtsicherungskonzepts bzw. der angepassten Sicherungskonzepte wird je Gefahrenfall eine Steuermatrix erstellt. Im Gegensatz zu den Darstellungen im Sicherungskonzept für den einzelnen Gefahrenfall bzw. im Gesamtsicherungskonzept beinhaltet die Steuermatrix konkrete Abhängigkeiten der sicherheitstechnischen Systeme für den einzelnen Gefahrenfall. Bei Auslösung der Quellen (Sensoren, z. B. automatische Brandmelder) werden den einzelnen Senken (Aktoren, z. B. Rauchabzugsanlage) Aktionen (Wirk-Prinzipien, z. B. Inbetriebsetzen der Rauchabzugsanlage) zugeordnet.

Die Steuermatrix für den einzelnen Gefahrenfall wird in der Regel iterativ in mehreren Schritten von der Planung bis zur Ausführung/Dokumentation erstellt.

Gefahrenfallsteuermatrix

Der Begriff der Gefahrenfallsteuermatrix lehnt sich an den Begriff der Brandfallsteuermatrix an und fasst die Wirk-Prinzipien für alle relevanten Gefahrenfälle inklusive deren Wechselwirkungen und Priorisierungen zusammen. Die Matrizen für die einzelnen Gefahrenfälle werden in der Gefahrenfallsteuermatrix zusammengefasst.

Wirk-Prinzip-Prüfung

Im Rahmen einer Wirk-Prinzip-Prüfung wird das bauordnungsrechtlich bestimmte Zusammenwirken von sicherheitstechnischen Anlagen geprüft. Im Gegensatz zum Vollprobetest handelt es sich bei der Wirk-Prinzip-Prüfung um eine in vielen Bundesländern bauordnungsrechtlich geforderte Prüfung.

Vollprobetest

Beim Vollprobetest werden gewerkübergreifende Prüfungen an sicherheitstechnischen und weiteren Anlagen über die Wirk-Prinzip-Prüfung hinaus durchgeführt. Der Vollprobetest ist in VDI 6010 Blatt 3 beschrieben. Abbildung 2 (siehe oben) zeigt den Umfang eines Vollprobetests als Abgrenzung zum Prüfumfang einer bauordnungsrechtlich geforderten Wirk-Prinzip-Prüfung.

4 Abkürzungen

4 Abkürzungen

In dieser Richtlinie werden die nachfolgend aufgeführten Abkürzungen verwendet:

GSiK Gesamtsicherungskonzept

GStK Gesamtsteuerungskonzept

sSK sicherheitstechnisches Steuerungskonzept für den Gefahrenfall Brand

StK Steuerungskonzept für den einzelnen Gefahrenfall

Neben den in der Richtlinie genannten Abkürzungen werden in diesem Kommentar folgende Abkürzungen verwendet:

MBO Musterbauordnung

TB Technische Baubestimmung nach § 85a MBO

ÜW Übertragungsweg gemäß DIN 14674 zur anlagenübergreifenden Vernetzung (siehe Kapitel 9.1)

5 Grundlagen

5 Grundlagen

Die Priorität des Einsatzes von Anlagen und Einrichtungen mit Sicherheitsfunktion richtet sich nach dem Schutzziel:

- Personenschutz – Recht auf Leben und körperliche Unversehrtheit
- Umweltschutz – Schutz der natürlichen Lebensgrundlagen
- Sachschutz – beispielsweise Schutz von Kulturgütern

Eine Wichtung der Schutzziele erfolgt auf Basis einer Risikoanalyse.

Systemübergreifende Kommunikationsdarstellungen werden zur Abbildung der Verknüpfungen und Wechselwirkungen aus verschiedenen Regelwerken innerhalb sicherheitstechnischer Anlagen und Einrichtungen in Gebäuden und anderen baulichen Anlagen erstellt.

Sie sollen insbesondere Fachplaner, Bauherren, Betreiber, Behördenvertreter und ausführende Firmen bei der Planung und Ausführung sowie dem Betrieb von Gebäuden und anderen baulichen Anlagen mit systemübergreifenden Funktionen in die Lage versetzen, in einer möglichst einfachen Form diese Wechselwirkungen und daraus resultierende Abhängigkeiten zu erkennen.

Sie sind dabei nicht nur auf miteinander verknüpfte Systeme zu beschränken, sondern müssen auch bauliche Einrichtungen, die als Einzelanwendungen eingesetzt werden (z. B. Feuerschutzabschlüsse) ebenso wie die Kommunikationsschnittstelle zum Menschen berücksichtigen, z. B.:

- Auslösung der Übertragungseinrichtungen zur hilfeleistenden Stelle (z. B. Feuerwehr) durch Personen
- Alarmierung von Personen durch technische Einrichtungen und Umsetzung von Handlungen durch diese Personen (z. B. Brandschutzhelfer, Evakuierungshelfer)

Bei der Erstellung des Sicherheitskonzepts sowie des daraus resultierenden Sicherungskonzepts werden gesetzliche (z. B. bauordnungsrechtliche, arbeitsschutzrechtliche) und privatwirtschaftliche Schutzziele zugrunde gelegt.

Bei der folgenden Konkretisierung bis zur Gefahrenfallsteuermatrix sind technische Regeln sowie objektspezifische Vorgaben, wie Dokumente zum Brandschutz oder anderer sicherheitsrelevanter Vorgaben, zu berücksichtigen.

In Anhang A werden einige Normen und Merkblätter aus dem deutschsprachigen Raum vorgestellt, die Anforderungen an Kommunikationen im Gefahrenfall zwischen Systemen vorgeben.

Die in der Richtlinie dargestellten Schutzziele sind nicht nach ihrer Wertigkeit aufgeführt. Sie können je nach baulicher Anlage und zu erwartendem Gefahrenfall unterschiedlich priorisiert werden. Im Zuge dieser Priorisierung ist neben zahlreichen objektspezifischen Überlegungen zu berücksichtigen, dass der Brandfall generell als inakzeptables Risiko eingestuft werden muss. Dies lässt sich bereits aus der tiefen Verankerung von baulichen, anlagentechnischen und organisatorischen Brandschutzmaßnahmen im Bauordnungsrecht ableiten.

Dennoch kann es vorkommen, dass beispielsweise bei großen Industrieanlagen als Ergebnis der Risikobeurteilung festgestellt werden muss, dass im Falle eines Brands den umwelt- und nachbarschaftsrechtlichen Schutzzielen eine höhere Bedeutung zukommt, als den brandschutzrelevanten Schutzzielen. Eine Priorisierung der einzelnen Gefahrenfälle muss somit bereits im Zuge der Risikobeurteilung erfolgen und insbesondere mit den beteiligten Behörden abgestimmt werden.

Hinsichtlich der anlagentechnischen Maßnahmen ergibt sich aus vielen Regelwerken die Notwendigkeit einer gemeinsamen Funktionalität. So fordern für den Brandfall beispielsweise diverse Sonderbauvorschriften eine Brandfallsteuerung von Aufzugsanlagen im Falle einer Brandmeldung. Die entsprechenden bereitgestellten Unterlagen geben in der Regel jedoch nur vor, was zur Erreichung der jeweiligen Schutzziele gemacht werden muss, nicht jedoch auf welche Art und Weise. Für eine Konkretisierung existieren entsprechende Regelwerke.

Bezüglich des genannten Beispiels zeigt beispielsweise VDI 6017 auf, unter welchen Umständen und in welchen Bereichen ein Weiterbetrieb von Aufzugsanlagen im Brandfall sinnvoll sein kann. Bei Anwendung dieser Richtlinie ergeben sich für das Objekt unterschiedliche Steuerungsszenarien, zu deren Umsetzung eine Kommunikation zwischen den beteiligten Systemen (Brandmeldeanlage, Aufzugsanlage) erforderlich ist.

VDI 6010 Blatt 1 hat das Ziel, die Funktion technischer Anlagen und ihr bestimmungsgemäßes Zusammenwirken für die in der Planung, am Bauprojekt sowie in der Betriebsphase beteiligten Parteien rechtzeitig in einer übersichtlichen und nachvollziehbaren Weise darzustellen. Die Richtlinie unterstützt dabei, am Ende einer Baumaßnahme eine fehlerfreie Dokumentation und die geforderte Betriebsweise im Zusammenwirken von technischen Anlagen zu erhalten.

Die frühe Einbindung organisatorischer Schnittstellen ist dabei ebenso wichtig wie die Verknüpfungen zu baulichen Maßnahmen.

Beispiel zur Einbindung organisatorischer Schnittstellen:

In Pflegeeinrichtungen kommen häufig Konzepte zur stillen Alarmierung, verbunden mit einer horizontalen Evakuierung zum Tragen. Dafür sind eine Verknüpfung technischer Systeme und eine Schnittstelle System/Mensch (Alarm- und Anzeigetableau im Schwesternzimmer) für die weitere Alarmorganisation erforderlich. Hierbei sind die Verknüpfungen der Systeme und die Anforderungen an die Übergabe der Informationen an den Menschen so früh wie möglich zu betrachten. Die frühe Einbindung der organisatorischen Schnittstellen unterstützt dabei, Alarm- und Notfallpläne für den späteren Betrieb aufzubauen. Eine spätere Anpassung dieser Pläne und Abläufe kann auch Auswirkungen auf die Verknüpfungen und daraus resultierenden Kommunikationsdarstellungen haben. Um die entsprechenden, mannigfaltigen Anforderungen für die systemübergreifenden Kommunikationsdarstellungen festlegen zu können, sind in der Regel zahlreiche Ansprechpartner von Beginn an hinzuzuziehen.

Häufig werden in Zusammenhang mit der Erstellung der für die Kommunikationsdarstellungen erforderlichen Dokumente (z. B. Matrizen) lediglich bauordnungsrechtliche Vorgaben einbezogen. Es kann jedoch erforderlich sein, dass – je nach Objekt – auch weitere Anforderungen berücksichtigt werden müssen. Diese können aus anderen Rechtsgebieten stammen oder privatrechtlicher Natur sein. Sollten sich aufgrund dieser Vorgaben oder der daraus resultierenden Verknüpfung der Systeme Abweichungen zu anzuwendenden Vorschriften und Regelwerken ergeben, sind diese zu begründen und zu dokumentieren.

Die Möglichkeit einer Abweichung ergibt sich dabei aus der rechtlichen Verbindlichkeit der anzuwendenden Grundlage (vgl. Abbildung 9). In der Regel sollte die Möglichkeit einer Abweichung von gesetzlichen oder technischen Regelwerken nur dann genutzt werden, wenn

- die Schutzziele auf andere Art und Weise erfüllt werden und dabei dasselbe Sicherheitsniveau gewährleistet wird, oder wenn
- zur Erreichung der Schutzziele eines anderen Rechtsgebiets gegenläufige Maßnahmen erforderlich sind und die Risikobeurteilung ergeben hat, dass dieser Gefahrenfall höher zu priorisieren ist.

Die Abweichung aufgrund einer höheren Priorisierung privatrechtlicher Schutzziele (z. B. Business Continuity) ist in der Regel nicht zulässig.

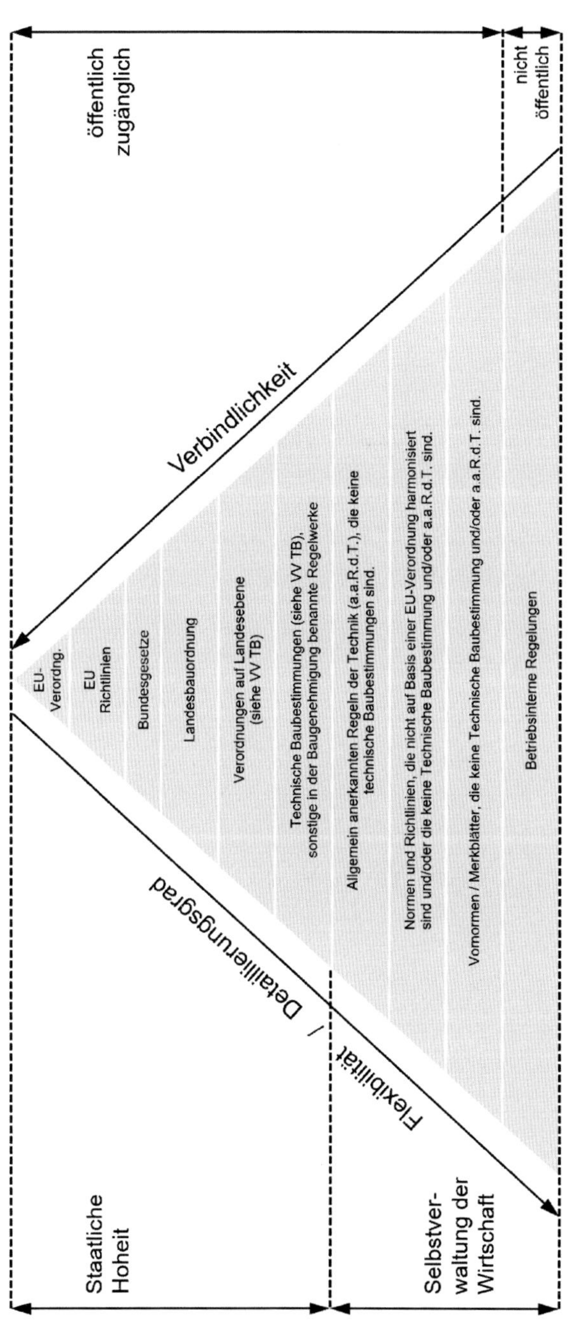

Abbildung 9: Verbindlichkeit von Regelwerken im Bauordnungsrecht

Anhand der bauordnungsrechtlichen Anforderungen an Leitungsanlagen und Lüftungsanlagen kann man die Strukturen der einzelnen bauordnungsrechtlichen Regelwerke und ihren Bezug zueinander gemäß Abbildung 10 erkennen.

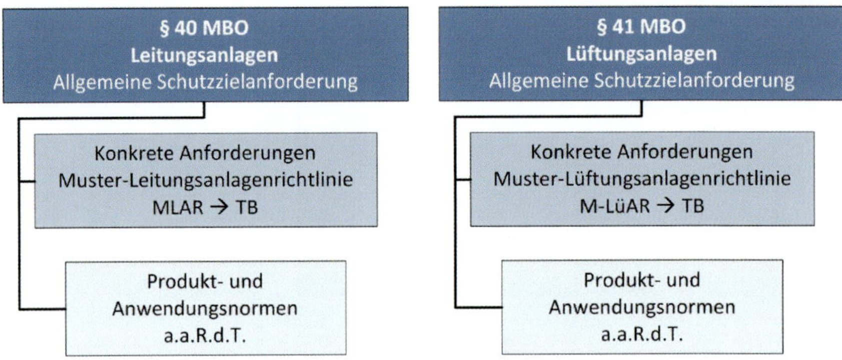

Abbildung 10: Beispiel für Anforderungen an Leitungs- und Lüftungsanlagen

6 Systeme

6 Systeme

In Gebäuden und anderen baulichen Anlagen sind Anlagen und Einrichtungen, nachfolgend in Anlehnung an VDI 4700 Blatt 1 Systeme genannt, angeordnet, die einerseits der bestimmungsgemäßen Funktion dienen und andererseits Sicherheitsaufgaben für unterschiedliche Gefahrenfälle erfüllen.

Jedes System wirkt primär unabhängig innerhalb seiner Systemgrenzen; diese Wirkweise beruht auf der Funktion, der Konzeption sowie den jeweiligen Wirkbereichen. Es ist wichtig, Wechselwirkungen und Schnittstellen zwischen den unterschiedlichen Systemen zu betrachten, da die Schnittstellen zwischen den Systemen im Gefahrenfall für die Funktion des Gesamtsystems eine hohe Priorität besitzen. Die schutzzielbezogene Definition des Zusammenwirkens oder der Wechselwirkungen zwischen den Systemen erfolgt in Abhängigkeit der jeweils relevanten Gefahrenfälle.

Mögliche Gefahrenfälle können sein:

- Brand
- Naturgefahren
- Freisetzung gefährlicher Stoffe
- Störfall
- Ausfall Energieversorgung
- Einbruch/Überfall
- Terror/Amok

Systeme oder Teilsysteme sind z. B.:

- Brandmeldeanlage
- Löschanlagen
- Kamerasysteme
- Wasserstandsüberwachung
- seismische Warnanlagen
- Gaswarnanlagen/Gasmeldeanlagen
- Spannungsmessung
- Systeme zur Überwachung von TGA-Anlagen
- Einbruchmeldeanlage

Die vorgenannten Teilsysteme können autark wirken oder durch Verknüpfung mit anderen Teilsystemen eine Gesamtfunktion (siehe Bild 1) sicherstellen.

Es wird zwischen Systemen unterschieden, deren Funktion auf einer Eigentümer- oder Nutzeranforderung basiert und vorgeschriebenen Sicherheitsfunktionen, die sich beispielsweise aus dem Bauordnungsrecht oder anderen gesetzlichen Vorgaben ergeben.

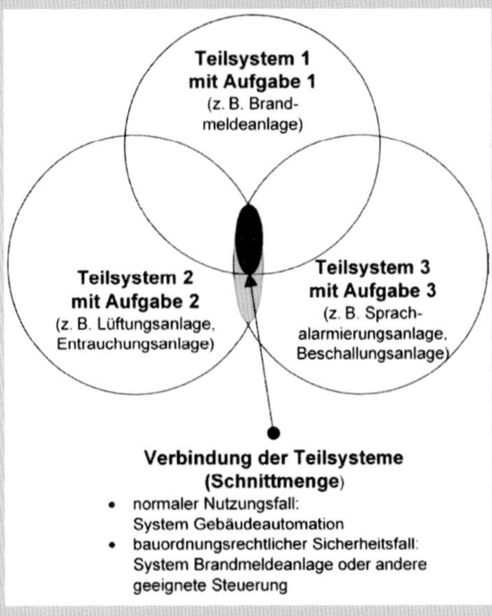

Bild 1. Beispiele für eine Verknüpfung von Teilsystemen zu einem Gesamtsystem

Es wird zwischen Systemen unterschieden, deren Funktion auf einer Eigentümer- oder Nutzeranforderung basiert und vorgeschriebenen Sicherheitsfunktionen, die sich beispielsweise aus dem Bauordnungsrecht oder anderen gesetzlichen Vorgaben ergeben.

Prinzipiell können alle Systeme vernetzt oder verknüpft werden, die in der Lage sind, Kenngrößen zu detektieren, Informationen zu verarbeiten und Signale weiterzugeben. Systeme mit diesem Vermögen werden als Quellen eingesetzt. Andererseits dienen Systeme, die die Signale der Quellen verarbeiten und deren Komponenten nach einem Muster agieren, als Senken im Gesamtsystem der Gebäudetechnik.

Die Vernetzung von Systemen erfolgt auf der Grundlage einer Risikobeurteilung, der daraus resultierenden Schutzzielen, den abgeleiteten technischen Maßnahmen und Steuerungsphilosophien.

In den nachfolgenden Sätzen dieses Abschnitts werden beispielhaft an einer Brandfallsteuerung Zusammenhänge erläutert. Komplexe, moderne bauliche Anlagen sind einerseits durch ihre Nutzungsmischung und Größe und andererseits durch die Ausstattung mit technischen Anlagen geprägt. Aufgrund dieser Komplexität ist die Darstellung der Abhängigkeiten im Brandschutzkonzept notwendig, dabei wirken die sicherheitstechnischen Systeme gemeinsam und in Abhängigkeit voneinander, siehe Bild 2.

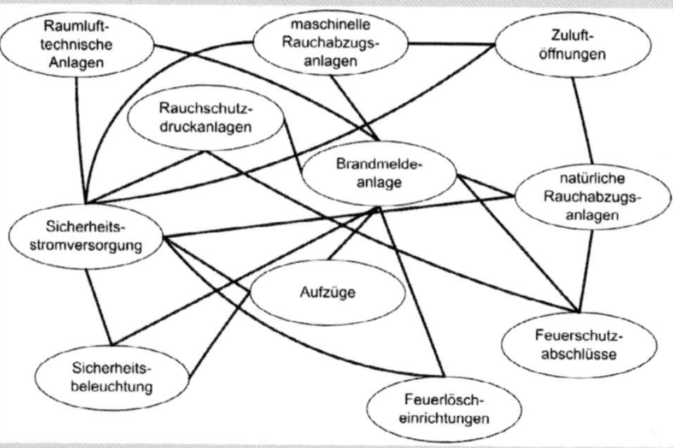

Bild 2. Beispielhafte Verknüpfung sicherheitstechnischer Teilsysteme für einen Brandfall

Planer und Ausführende müssen im Planungs- und Bauprozess das ordnungsgemäße Zusammenwirken dieser Systeme konsequent umsetzen, damit beispielsweise im Brandfall alle sicherheitstechnischen Systeme wirksam sind.

Dabei sind die Funktionen der Anlagenkomponenten im Brandfall eindeutig zu definieren. Auf der Grundlage dieser schutzzielbezogenen Definitionen werden Quellen und Senken unterschieden und die Brandfallsteuerungen festgelegt.

Im Ergebnis dieser konzeptionellen Überlegungen entsteht das sicherheitstechnische Steuerungskonzept und die Brandfallsteuermatrix, dann fortführend auf Basis der vorgenannten Dokumente und der Dokumente für andere Gefahrenfälle die Gefahrenfallsteuermatrix.

Unter einem System im Sinne der VDI 6010 Blatt 1 versteht man technische Anlagen und Einrichtungen, die in Gebäuden und anderen baulichen Anlagen eine gemeinsame sicherheitstechnische Funktion für einen bestimmten Gefahrenfall innerhalb einer funktionalen Systemgrenze erfüllen. Dabei ist jedes System innerhalb seiner funktionalen Systemgrenze für sich allein funktionsfähig.

Die Funktionen eines Systems können normalen Nutzungsanforderungen, gleichzeitig aber auch Sicherheitsanforderungen dienen. Die Funktionen des Systems müssen dann für beide Anforderungen ausgelegt sein.

Beispiele für unterschiedliche Funktionen eines einzelnen Systems:

1) Die raumlufttechnische Anlage einer gesprinklerten Verkaufsstätte dient im Normalbetrieb der Komfortlüftung. Im Gefahrenfall Brand wird sie in den Betriebsmodus für die maschinelle Rauchableitung geschaltet.
2) Eine Anlage für akustische Durchsagen dient im Normalbetrieb normalen Sprachdurchsagen, im Gefahrenfall hat sie die Funktion einer Alarmierungsanlage.

6.1 Zusammenwirken unterschiedlicher Systeme

Für unterschiedliche Gefahrenfälle müssen verschiedene Systeme in Beziehung zueinander stehen und zusammenwirken, um die Aufgaben der Gefahrenabwehr zu erfüllen.

Damit das Zusammenwirken der unterschiedlichen Systeme im Gefahrenfall zuverlässig funktioniert, müssen folgende Bedingungen erfüllt sein:

- Jedes System muss in sich funktionsfähig, wirksam, betriebssicher und ordnungsgemäß errichtet und geprüft sein.
- Die Systemgrenzen der einzelnen Systeme müssen eindeutig definiert und funktional richtig ausgeprägt sein.
- Die Wirkbereiche der einzelnen Systeme müssen klar definiert und zwischen den Systemen aufeinander abgestimmt sein.
- Die Wechselwirkungen zwischen verschiedenen Systemen müssen analysiert und bewertet werden. Im Rahmen dieser Bewertung nicht akzeptierte negative Wechselwirkungen zwischen den Systemen müssen durch geeignete technische Maßnahmen ausgeschlossen werden.
- Es muss gewährleistet sein, dass der für den jeweiligen Gefahrenfall notwendige Betriebsmodus eines verknüpften Systems im Gefahrenfall sicher und störungsfrei funktioniert und andere Funktionen dieses Systems im Gefahrenfall blockiert sind.

- Das funktionale Zusammenwirken der einzelnen Systeme untereinander, muss für den jeweiligen Gefahrenfall in einem Steuerungskonzept festgelegt sein. Im Steuerungskonzept ist die Abhängigkeit der jeweiligen Systemfunktionen von den auslösenden Ereignissen darzustellen.
- Die Priorität unterschiedlicher Gefahrenfälle muss festgelegt sein. Dabei muss die Rückwirkungsfreiheit von Sekundärereignissen auf die Einzelsysteme und auf das funktionelle Zusammenwirken der Systeme sichergestellt werden.
- Die Auswirkungen eines Fehlers auf ein System oder auf das Zusammenwirken von Systemen müssen analysiert werden, um gefährliche Zustände zu vermeiden. Dabei müssen drei mögliche Fehlerfälle unterschieden werden.
  1) der Fehler in einem System und die Auswirkungen dieses Fehlers auf das Zusammenwirken,
  2) der Ausfall der allgemeinen Stromversorgung,
  3) das Zusammenwirken zweier oder mehr Systeme, die durch das Zusammenwirken selbst einen kritischen Zustand (Fehler) herbeiführen.

     Hierbei sind kritische Zustände gemeint, die durch ein fehlerhaftes Zusammenwirken zweier oder mehrerer Systeme herbeigeführt werden, auch wenn jedes System autark fehlerfrei funktioniert.
- Besteht die Notwendigkeit, dass im Gefahrenfall Systeme funktional zusammenwirken müssen, müssen diese durch bestimmte Kommunikationswege miteinander verbunden sein und die Kommunikationssignale senden und/oder empfangen können.
- Die Kommunikationswege/Übertragungswege zwischen unterschiedlichen Systemen müssen entsprechend den Sicherheitsanforderungen störungssicher sein (siehe hierzu auch zukünftige Fassung der VDI 6010 Blatt 2). Gegebenenfalls ist eine Überwachung der Kommunikationswege erforderlich und Festlegungen für das Verhalten der Systeme bei Störung der Kommunikationswege zu treffen.
- Die Schnittstellen an den Systemgrenzen zwischen den Systemen müssen funktional und anforderungsgerecht ausgeprägt sein (z. B. Koppler). Die Schnittstellenfunktion muss sichergestellt sein.
- Die Kommunikationsbasis für den Datenaustausch zwischen den Systemen (Kommunikationsprotokoll) muss definiert und einheitlich sein.
- Die Fähigkeit der Systeme, über die reine Datenübertragung hinaus anforderungsgerecht zusammenwirken zu können, muss gegeben sein (Interoperabilität). Dabei muss die Summe gemeinsamer Funktionen und Merkmale

(Funktionsmenge) der zusammenwirkenden Systeme im jeweiligen Funktionsbereich (Interoperabilitätsbereich) gleich sein, damit die Systeme anforderungsgerecht zusammenwirken können.

Erläuterung: Die Anzahl unterschiedlicher, geforderter Szenarien muss durch eine geeignete Anzahl von Auslösebereichen ermöglicht werden. Zum Beispiel müssen bei einer Brandfallsteuerung eines Aufzugs ausreichende Schnittstellen zur BMA vorhanden sein, um die Bestimmungshaltestelle oder die Ersatzhaltestelle anzufahren. Für diesen Fall müssen beispielsweise bei einem Aufzug mit fünf Haltestellen und einer erweiterten statischen Brandfallsteuerung mit Ersatzhaltestelle zwei Auslösebereiche (Auslösebereich 1: Erdgeschoss; Auslösebereich 2: vier Obergeschosse) vorhanden sein (siehe Abbildung 11).

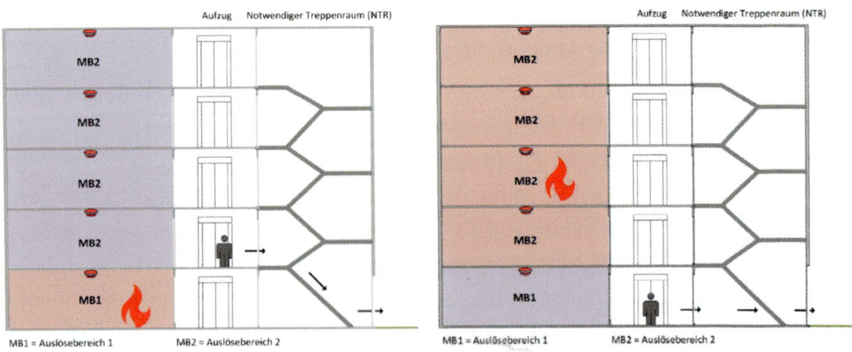

Abbildung 11: Beispiel für eine erweiterte statische Brandfallsteuerung

Das Zusammenwirken unterschiedlicher Systeme in einem Gebäude kann sehr vielfältig sein. Es wird bestimmt durch die Funktionen im Normalbetrieb sowie das notwendige Zusammenwirken und die Funktionen der Systeme in einem bestimmten Gefahrenfall. Einige Systeme haben im Normalbetrieb keine bestimmungsgemäßen Funktionen; sie werden erst im Gefahrenfall aktiviert, z. B. Brandmeldeanlagen und Feuerlöschanlagen.

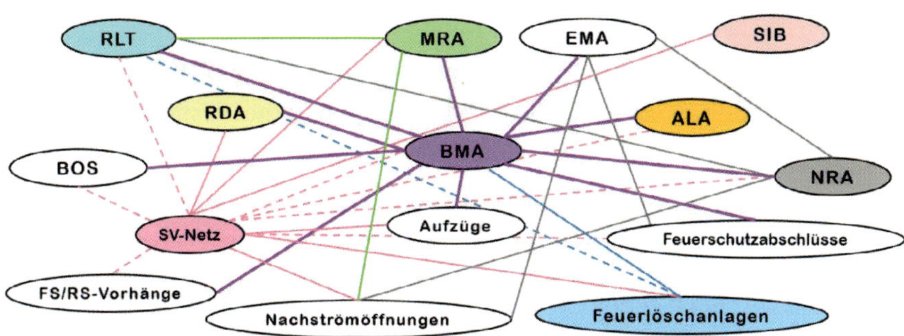

Abbildung 12: Mögliches Zusammenwirken technischer Systeme

ALA	Alarmierungsanlagen (als EAN oder SAA)
BMA	Brandmeldeanlagen
BOS	Gebäudefunkanlagen für **B**ehörden und **O**rganisationen mit **S**icherheitsaufgaben
EMA	Einbruchmeldeanlagen/Zutrittskontrollanlagen
FS/RS-Vorhänge	Feuerschutz-/Rauchschutzvorhänge
MRA	maschinelle Rauchabzugsanlagen
NRA	natürliche Rauchabzugsanlagen
RDA	Rauchschutzdruckanlagen (Druckbelüftungsanlagen)
RLT	raumlufttechnische Anlagen
SIB	Sicherheitsbeleuchtungsanlagen
SV-Netz	Sicherheitsstromversorgungsnetz inklusive Stromquelle für Sicherheitszwecke

6.2 Praktisches Beispiel zum Zusammenwirken von Systemen im Normalbetrieb und im Gefahrenfall

In einem Gebäude sind sechs verschiedene technische Systeme mit unterschiedlichen Funktionen installiert (Tabelle 1).

Tabelle 1: Funktion von Systemen im Normalbetrieb und im Gefahrenfall Brand in einem Beispiel

System	Normalbetrieb	Gefahrenfall Brand
Brandmeldeanlage (BMA)	0	Detektion, Meldung, Steuerung
Sprachalarmierungsanlage (SAA)	normale Durchsagen	Alarmierung der Nutzer
Raumlufttechnische (RLT) Anlage	Komfortlüftung	0
Natürliche Rauchabzugsanlagen (NRA)	Nachtauskühlung	Rauchabzug
Feuerlöschanlage (FLA)	0	Brandeindämmung
Sonnenschutz (SoS)	Verschattung	Sicherstellen einer freien Öffnung
0 – keine Funktion im jeweiligen Betriebsfall		

Diese Systeme können folgendermaßen zusammenwirken:

Im Normalfall

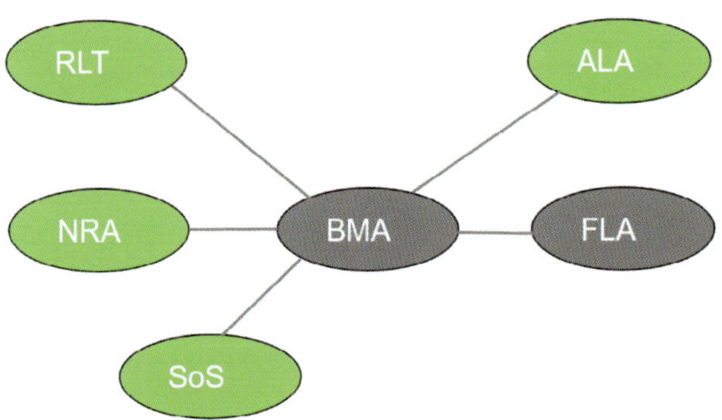

Abbildung 13a: Zusammenwirken von Systemen im Normalbetrieb

grün – Normalbetrieb

grau – keine Funktion und betriebsbereit

Im Normalbetrieb sind die RLT-Anlage, die Beschallung, der Sonnenschutz und die Nachtauskühlung in Betrieb.

Die BMA, die NRA und die FLA sind in Betriebsbereitschaft.

Im Gefahrenfall Brand

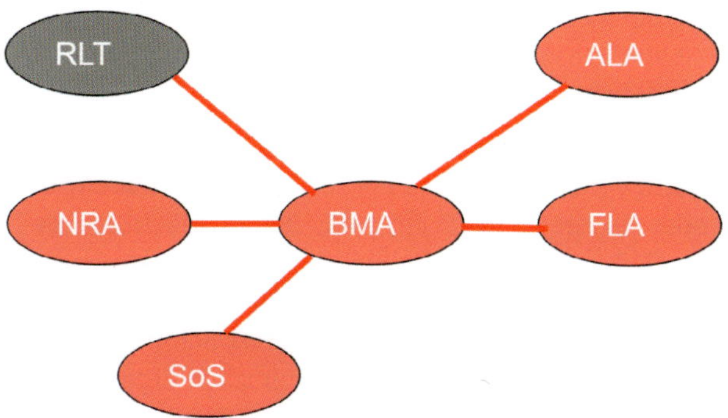

Abbildung 13b: Zusammenwirken von Systemen im Gefahrenfall Brand

rot – Gefahrenfallbetrieb Brand

grau – keine Funktion, im sicheren Zustand (RLT aus)

Im Brandfall werden die RLT-Anlage und der Sonnenschutz durch die BMA außer Betrieb genommen und im sicheren Zustand blockiert.

Über die Brandfallsteuerung werden die Alarmierungsanlage, die NRA und die FLA in den Gefahrenfallbetrieb versetzt.

7 Verantwortung und Abläufe

7.1 Verantwortung

7 Verantwortung und Abläufe

7.1 Verantwortung

Da die Systeme eines Gebäudes durch unterschiedliche Gewerke der Gebäudeausrüstung realisiert werden, erfordert die Planung der systemübergreifenden Kommunikationen zwischen den Anlagen ein hohes Maß an Koordination bei der Planung und Ausführung.

Im Rahmen der allgemeinen Verkehrssicherungspflicht (§ 823 BGB) ist der Eigentümer des Gebäudes dafür verantwortlich, dass von seinem Gebäude keine Gefahr für Personen oder für die Umwelt ausgeht. Die Verpflichtung gegenüber den Rechtsgütern Leben und Gesundheit sowie den natürlichen Lebensgrundlagen ist im allgemeinen Schutzzielparagrafen der Muster-Bauordnung festgeschrieben. Über die gesetzlich festgelegten Schutzziele hinausgehende Sicherheitsinteressen muss der Eigentümer nach eigenem Ermessen formulieren.

Entsprechend der Musterbauordnung ist für die Planung ein Entwurfsverfasser zu bestellen. Er ist verpflichtet, entsprechend seiner eigenen Kompetenzen und Erfahrungen notwendige Fachplaner (z. B. Brandschutz, TGA, Tragwerk) heranzuziehen.

Die Errichtung technischer Anlagen und Einrichtungen verschiedener Gewerke der Gebäudeausrüstung einschließlich der Planung von systemübergreifenden Kommunikationen zwischen verschiedenen Anlagen kann auf den bauordnungsrechtlichen Mindestanforderungen sowie versicherungsrechtlichen, privatrechtlichen oder Anforderungen aus anderen Rechtsgebieten beruhen.

Beispielhafte Rechtsgebiete für Anlagen und Einrichtungen mit Sicherheitsfunktionen Bestehend aus den 3 Säulen Bauplanungsrecht, Bauordnungsrecht und Baunebenrecht					
Bauordnungsrecht (Personenschutz)	Bauplanungsrecht	Arbeitsstättenrecht (Schutz von Arbeitnehmern)	Immisionsschutzrecht (Schutz der Umwelt)	Versicherungsrecht (Sachschutz)	Denkmalrecht (Denkmalschutz)

Abbildung 14: Beispielhafte Rechtsgebiete für Anlagen und Einrichtungen mit Sicherheitsfunktionen

Für diese Anforderungen gibt es verschiedene Regelwerke, die sich je nach Rechtsgebiet aus Rechtsvorschriften (z. B. Landesbauordnung und Verordnungen) oder sonstigen Regelwerken (z. B. Normen und Richtlinien) ergeben. Diese werden wiederum den allgemein anerkannten Regeln der Technik, dem Stand der Technik oder dem Stand der Wissenschaft und Technik zugeordnet. Für die Definition der Verantwortung fällt es den Beteiligten in der Praxis häufig schwer, den Rechtscharakter eines Regelwerks eindeutig zu bestimmen. Dies gilt insbesondere, wenn verschiedene Regelwerke, die unter Umständen auch noch auf verschiedenen Rechtsgebieten beruhen, sich inhaltlich widersprechen (siehe Abbildung 9 und Abbildung 15).

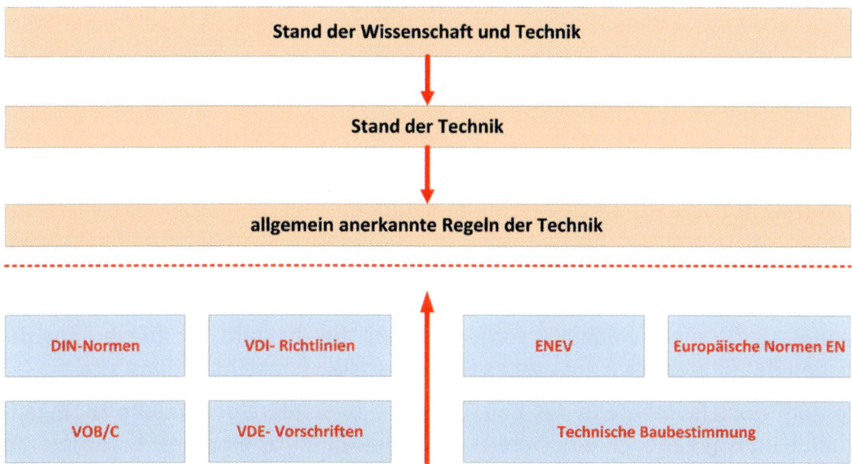

Abbildung 15: Beispiele für Regelwerke

Aus den Regelwerken abgeleitet kann man anhand des Beispiels Brandschutz die Verantwortlichen und ihre Aufgaben für die Bearbeitung von Brandfallsteuerungen und das Zusammenwirken von Anlagen und Einrichtungen im Zuge eines Projektablaufs strukturieren (siehe auch Abbildung 16).

Für die Planung von Brandschutzanforderungen und Brandschutzanlagen gibt es unter Beachtung der verschiedenen Rechtsgebiete und Regelwerke Strukturen, die sich innerhalb des Bauordnungsrechts entwickelt haben.

Es ist in der Praxis festzustellen, dass in Brandschutzkonzepten Vermischungen verschiedener Rechtsgebiete dargestellt werden, obwohl die Brandschutzfachplaner durch ihre Formulierungen eine Abgrenzung zwischen bauordnungsrechtlichen Mindestanforderungen und zusätzlichen Anforderungen

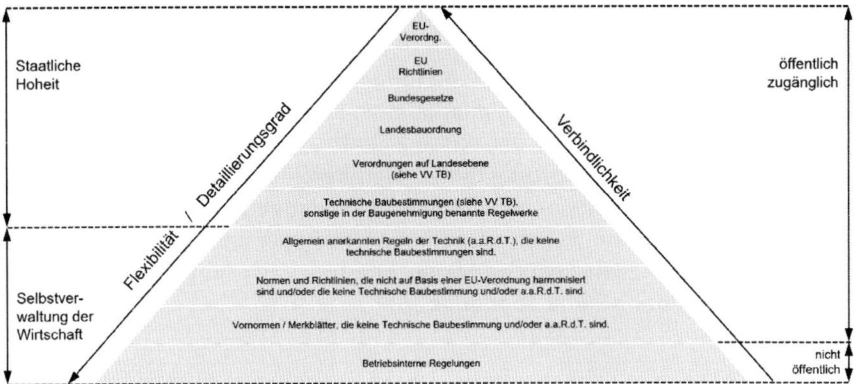

Abbildung 16: Mögliche Verantwortlichkeiten für Prozesse im Brandschutz während eines Projektablaufs

suggerieren. Dies trifft häufig auf das Arbeitsstättenrecht und das Versicherungsrecht zu. Die Ursache hierfür ist häufig die Flut der Regelwerke verschiedener Rechtsgebiete, die auf die Baubeteiligten einwirkt. Eine vollständige vertragliche Abgrenzung der unterschiedlichen Anforderungen von Betreiber und Auftraggeber sowie Versicherer und aus dem Arbeitsstättenrecht wird dabei häufig nicht eindeutig vorgenommen. Hier besteht für die verantwortlichen Beteiligten auch ein großes Haftungsrisiko (siehe Abbildung 17).

In der Praxis ist während des Bauablaufs insbesondere dem Bauherrn, Eigentümer und gegebenenfalls bereits dem Betreiber zu empfehlen, rechtzeitig gemeinsam mit dem Entwurfsverfasser die erforderlichen und notwendigen Grundlagen für die Planung auf Basis des Bauordnungsrechts und weiterer Anforderungen zusammenzutragen. Diese Grundlagen müssen mit Planungsbeginn in einem Lastenheft erfasst werden. Nur mit einer solchen Festlegung der Anforderungen ist für die Beteiligten ihre jeweilige Verantwortung für den Planungs- und Umsetzungsprozess definiert.

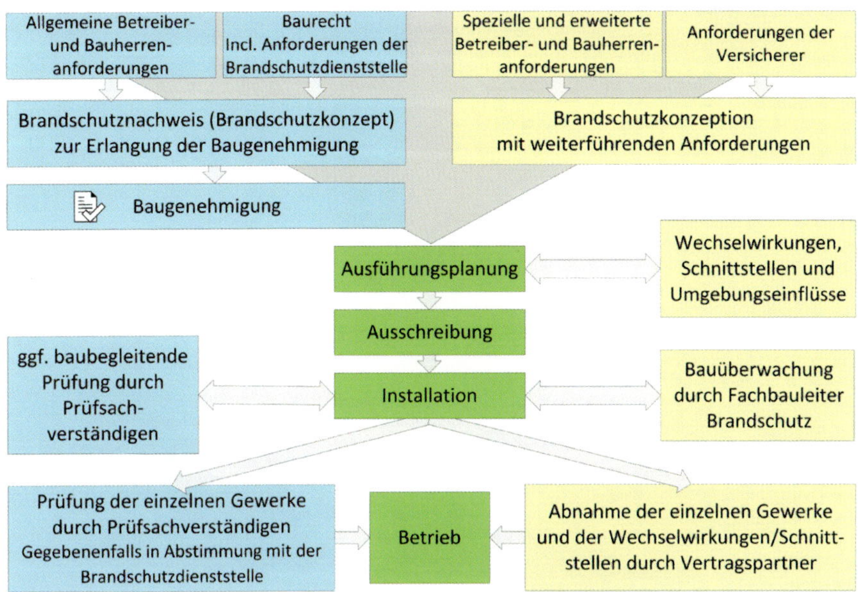

Abbildung 17: Beispiel für den Prozessablauf bei der Planung von Brandschutzanlagen

In der täglichen Baupraxis ist festzustellen, dass die am Bau Beteiligten häufig ihre vertraglich oder bauordnungsrechtlich geschuldeten Leistungen und Verantwortlichkeiten nicht oder nur teilweise kennen. In den vom Gesetzgeber definierten bauordnungsrechtlichen Verfahren (siehe Teil 5 der MBO) wird auf die am Bau Beteiligten gemäß Teil 4 der MBO verwiesen. Eine Gliederung der MBO wird in Abbildung 18 deutlich.

Die MBO formuliert eindeutige Verantwortlichkeiten und Aufgaben der am Bau Beteiligten (Bauherr, Entwurfsverfasser, Fachplaner, Unternehmer, Bauleiter).

In den letzten Jahren war im Rahmen europäischer Vorgaben und Notifizierungsverfahren festzustellen, dass die einzelnen Landesbauordnungen der 16 Bundesländer sich in wesentlichen Punkten den Inhalten der MBO angenähert haben. Lediglich die Paragraphen-Nummern sind bei gleichem oder ähnlichem Inhalt noch variabel. Abbildung 19 stellt eine Übersicht dar, in der die einzelnen Paragrafen über die Verantwortlichen nach Landesbauordnung dargestellt und mit den jeweiligen Paragrafen der MBO verglichen werden. Je nach Bundesland muss daher jeder am Bau Beteiligte seinen Aufgaben und Verantwortlichkeiten gemäß der jeweiligen Landesbauordnung nachkommen.

Abbildung 18: Gliederung der MBO

Es empfiehlt sich, diese mit den vertraglich vereinbarten Leistungen abzugleichen und zu überprüfen.

Für die praktische Anwendung ist festzustellen, dass Kommentierungen und Begründungen häufig nur von der Fachkommission Bauaufsicht der ARGEBAU bezogen auf die MBO erfolgen. Kommentierungen der einzelnen Landesbauordnungen erfolgen dann in der Regel nicht von den gesetzgebenden Stellen, sondern häufig durch privatrechtliche Kommentierungen in der Fachliteratur.

Bundesland	Bauordnung	Langtext Bauordnung	vom	letzte Änderung	Bauherr	Entwurfsverfasser	Unternehmer	Bauleiter
Muster ARGEBAU	MBO:2016-05	Musterbauordnung	11/2002	13.05.2016	§ 53	§ 54	§ 55	§ 56
Baden-Württemberg	LBO:2017-11	Landesbauordnung für Baden-Württemberg	05.03.2010	21.11.2017	§ 42	§ 43	§ 44	§ 45
Bayern	BayBO:2019-03	Bayerische Bauordnung	14.08.2007	26.03.2019	§ 50	§ 51	§ 52	
Berlin	BauOBln:2018-04	Bauordnung für Berlin	29.09.2005	09.04.2018	§ 53	§ 54	§ 55	§ 56
Brandenburg	BbgBO:2018-11	Brandenburgische Bauordnung	19.05.2016	15.11.2018	§ 53	§ 54	§ 55	§ 56
Bremen	BremLBO:2018-09	Bremische Bauordnung	04.09.2018	04.09.2018	§ 53	§ 54	§ 55	§ 56
Hansestadt Hamburg	HBauO:2018-11	Hamburgische Bauordnung	14.12.2005	26.11.2018	§ 54	§ 55	§ 56	§ 57
Hessen	HBO:2018-05	Hessische Bauordnung	28.05.2018	28.05.2018	§ 56	§ 57	§ 58	§ 59
Mecklenburg-Vorpommern	LBauO M-V:2018-07	Landesbauordnung Mecklenburg-Vorpommern	15.10.2015	05.07.2018	§ 53	§ 54	§ 55	§ 56
Niedersachsen	NBauO:2018-09	Niedersächsische Bauordnung	03.04.2012	12.09.2018	§ 52	§ 53	§ 54	§ 55
Nordrhein-Westfalen	BauO NRW:2019-03	Bauordnung für das Land Nordrhein-Westfalen	21.07.2018	26.03.2019	§ 53	§ 54	§ 55	§ 56
Rheinland-Pfalz	LBauO:2015-06	Landesbauordnung Rheinland-Pfalz	24.11.1998	15.06.2015	§ 55	§ 56	§ 57	§ 56a
Saarland	LBO:2018-06	Bauordnung für das Saarland	18.02.2004	13.06.2018	§ 53	§ 54	§ 55	§ 56
Sachsen	SächsBO:2018-12	Sächsische Bauordnung	11.05.2016	11.12.2018	§ 53	§ 54	§ 55	§ 56
Sachsen-Anhalt	BauOLSA:2018-07	Bauordnung des Landes Sachsen-Anhalt	10.09.2013	26.07.2018	§ 52	§ 53	§ 54	§ 55
Schleswig-Holstein	LBO:2018-11	Landesbauordnung für das Land Schleswig-Holstein	22.01.2009	29.11.2018	§ 54	§ 55	§ 56	§ 57
Thüringen	ThürBO:2018-12	Thüringer Bauordnung	13.03.2014	18.12.2018	§ 53	§ 54	§ 55	§ 56
Stand: 05/2019								

Abbildung 19: Verantwortliche Baubeteiligte gemäß den Landesbauordnungen der Bundesländer

Um die jeweils in der MBO definierten Verantwortlichen und ihre Aufgaben zuzuordnen, sind die Auszüge aus der aktuellen MBO nachfolgend mit Nennung der Paragraphen zitiert:

Musterbauordnung (MBO) vom 13. Mai 2016, § 52 Grundpflichten

„Bei der Errichtung, Änderung, Nutzungsänderung und der Beseitigung von Anlagen sind der Bauherr und im Rahmen ihres Wirkungskreises die anderen am Bau Beteiligten dafür verantwortlich, dass die öffentlich-rechtlichen Vorschriften eingehalten werden.“

Musterbauordnung (MBO) vom 13. Mai 2016, § 53 Bauherr

„(1) Der Bauherr hat zur Vorbereitung, Überwachung und Ausführung eines nicht verfahrensfreien Bauvorhabens sowie der Beseitigung von Anlagen geeignete Beteiligte nach Maßgabe der §§ 54 bis 56 zu bestellen, soweit er nicht selbst zur Erfüllung der Verpflichtungen nach diesen Vorschriften geeignet ist. …“

Musterbauordnung (MBO) vom 13. Mai 2016, § 54 Entwurfsverfasser

„(1) Der Entwurfsverfasser muss nach Sachkunde und Erfahrung zur Vorbereitung des jeweiligen Bauvorhabens geeignet sein. Er ist für die Vollständigkeit und Brauchbarkeit seines Entwurfs verantwortlich. Der Entwurfsverfasser hat dafür zu sorgen, dass die für die Ausführung notwendigen Einzelzeichnungen, Einzelberechnungen und Anweisungen den öffentlich-rechtlichen Vorschriften entsprechen.

(2) Hat der Entwurfsverfasser auf einzelnen Fachgebieten nicht die erforderliche Sachkunde und Erfahrung, so sind geeignete Fachplaner heranzuziehen. Diese sind für die von ihnen gefertigten Unterlagen, die sie zu unterzeichnen haben, verantwortlich. Für das ordnungsgemäße Ineinandergreifen aller Fachplanungen bleibt der Entwurfsverfasser verantwortlich.“

Musterbauordnung (MBO) vom 13. Mai 2016, § 55 Unternehmer

„(1) Jeder Unternehmer ist für die mit den öffentlich-rechtlichen Anforderungen übereinstimmende Ausführung der von ihm übernommenen Arbeiten und insoweit für die ordnungsgemäße Einrichtung und den sicheren Betrieb der Baustelle verantwortlich. Er hat die zur Erfüllung der Anforderungen dieses Gesetzes oder aufgrund dieses Gesetzes erforderlichen Nachweise und Unterlagen zu den verwendeten Bauprodukten und den angewandten Bauarten zu erbringen und auf der Baustelle bereitzuhalten. Bei Bauprodukten, die die CE-Kennzeichnung nach der Verordnung (EU) Nr. 305/2011 tragen, ist die Leistungserklärung bereitzuhalten.

(2) Jeder Unternehmer hat auf Verlangen der Bauaufsichtsbehörde für Arbeiten, bei denen die Sicherheit der Anlage in außergewöhnlichem Maße von der besonderen Sachkenntnis und Erfahrung des Unternehmers oder von einer Ausstattung des Unternehmens mit besonderen Vorrichtungen abhängt, nachzuweisen, dass er für diese Arbeiten geeignet ist und über die erforderlichen Vorrichtungen verfügt.“

Musterbauordnung (MBO) vom 13. Mai 2016, § 56 Bauleiter

„(1) Der Bauleiter hat darüber zu wachen, dass die Baumaßnahme entsprechend den öffentlich-rechtlichen Anforderungen durchgeführt wird und die dafür erforderlichen Weisungen zu erteilen. Er hat im Rahmen dieser Aufgabe auf den sicheren bautechnischen Betrieb der Baustelle, insbesondere auf das gefahrlose Ineinandergreifen der Arbeiten der Unternehmer zu achten. Die Verantwortlichkeit der Unternehmer bleibt unberührt.

(2) Der Bauleiter muss über die für seine Aufgabe erforderliche Sachkunde und Erfahrung verfügen. Verfügt er auf einzelnen Teilgebieten nicht über die erforderliche Sachkunde, so sind geeignete Fachbauleiter heranzuziehen. Diese treten insoweit an die Stelle des Bauleiters. Der Bauleiter hat die Tätigkeit der Fachbauleiter und seine Tätigkeit aufeinander abzustimmen.“

Gemäß MBO ist somit unter bauordnungsrechtlichen Gesichtspunkten durch den Entwurfsverfasser festzustellen, ob er für die teilweise oder vollständige Planung der Brandfallsteuerungen die notwendige Sachkunde und Erfahrung in dem jeweiligen Bauvorhaben besitzt. Erfahrungsgemäß ist dies in der Regel nicht der Fall. Daher hat der Entwurfsverfasser gemeinsam mit dem Bauherrn dafür Sorge zu tragen, dass ein geeigneter Fachplaner mit der erforderlichen Sachkunde und Erfahrung für die Planung von Brandfallsteuerungen innerhalb der Brandschutzplanungen hinzugezogen wird.

Hierbei muss man ausdrücklich darauf hinweisen, dass dies nur für die bauordnungsrechtlichen Mindestanforderungen gilt. Für zusätzliche Anforderungen aus anderen Rechtsgebieten, z. B. im Bereich des Explosionsschutzes, kann es durchaus erforderlich sein, über den bauordnungsrechtlichen Fachplaner für die Brandfallsteuerungen weitere Sonderfachleute hinzuziehen.

Da die Planung von Brandfallsteuerungen sich häufig auf sicherheitstechnische Anlagen und Einrichtungen oder die Ansteuerung anderer technischer Anlagen bezieht, ist es erfahrungsgemäß in manchen Projekten erforderlich, über den Brandschutzfachplaner hinaus einen zusätzlichen Fachplaner für die Brandfallsteuerungen zu benennen. Hierbei werden in einigen Projekten bereits baubeteiligte Fachplaner herangezogen oder separate Ersteller für Brandfallsteuermatrizen beauftragt. Unter Berücksichtigung von Abbildung 20 sind beispielsweise die folgenden Varianten für die Planung der Brandfallsteuerungen möglich:

- Planung der gewerkeübergreifenden Brandfallsteuerungen in der entsprechenden Detailtiefe durch Fachplaner Brandschutz im Rahmen seiner Brandschutzplanungen. Koordination aller an der Planung Beteiligten durch den Entwurfsverfasser.
- Planung der gewerkeübergreifenden Brandfallsteuerungen durch Fachplaner Elektrotechnik (z. B. zertifizierter Planer der Brandmeldeanlage nach DIN 14675-2) als Ergänzung zur BMA-Fachplanung mit Prüfung der Matrix durch Fachplaner Brandschutz (4-Augen-Prinzip). Koordination aller an der Planung Beteiligten durch den Entwurfsverfasser.

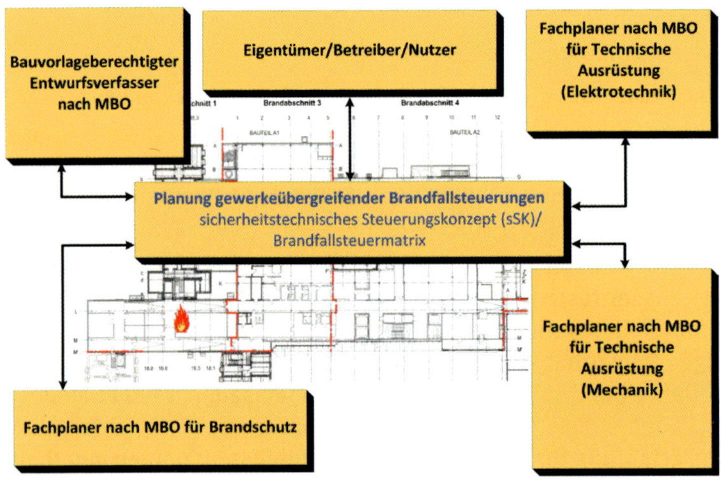

Abbildung 20: Am Bau Beteiligte für eine gewerkeübergreifende Planung von Brandfallsteuerungen koordiniert durch den Entwurfsverfasser

Der Planungsvertrag ist in der Regel ein Werkvertrag. Dies gilt für alle am Bau beteiligten Planer, somit für den Entwurfsverfasser und alle Fachplaner. Der Entwurfsverfasser und die Fachplaner schulden daher dem Bauherrn ein von Mängeln freies Werk. Im Sinne des § 54 MBO muss der Entwurfsverfasser seine Beratungs- und Koordinationspflicht wahrnehmen, um ein mangelfreies Werk zu erstellen. Dies beginnt bei der Feststellung, ob er die notwendige Sachkunde und Erfahrung für die Planung von Brandfallsteuerungen besitzt und setzt sich bei der Koordination der einzelnen Fachplaner fort. Sinngemäß kann man dies auf alle Gefahrenfälle übertragen. Dabei ist jedoch zu prüfen, ob diese zu den vertraglich geschuldeten Leistungen gehören.

7.2 Abläufe

7.2 Abläufe

Für das Gebäude bzw. die bauliche Anlage wird zu Beginn der Planung eine Risikoanalyse für die möglichen Gefahrenfälle erarbeitet. Dabei sind das Gebäude und seine Nutzung sowie die Umgebung zu betrachten. Es werden die Gefahrenpotenziale (Risikodefinition und -identifikation) festgestellt und beschrieben. Weiterhin ist eine Beschreibung möglicher und wahrscheinlicher Auswirkungen von Schäden (Risikobeurteilung, siehe DIN 820-12) Folge der Risikoanalyse. Die Risikobeurteilung ist im Lebenszyklus des Gebäudes kontinuierlich zu überprüfen und fortzuschreiben. Auf der Grundlage der Risikobeurteilung ist ein gefahrenorientiertes Sicherheitskonzept aufzustellen. Im Sicherheitskonzept sind Schutzziele und die Begrenzung der möglichen Auswirkungen festzulegen.

Auf dieser Planungsgrundlage erfolgen bereits die ersten Konzeptionen der Systeme mit Sicherheitsfunktionen. Die Aufgaben der sicherheitstechnischen Systeme werden jeweils in einem Sicherungskonzept für den einzelnen Gefahrenfall niedergeschrieben. Für die Erstellung der Sicherungskonzepte ist der Entwurfsverfasser verantwortlich. Sind systemübergreifende Kommunikationen zwischen den verschiedenen Systemen zur Sicherstellung der Schutzziele notwendig, so sind diese in einem Steuerungskonzept für den einzelnen Gefahrenfall (StK) darzustellen. Der Entwurfsverfasser kann bei Bedarf einen Fachplaner für Sicherheit (z. B. Fachplaner für Brandschutz) einbinden.

Das StK stellt die Grundlage für die weitere Projektbearbeitung dar. Im bauordnungsrechtlich geregelten Bereich des Brandschutzes wird das Steuerungskonzept für den Gefahrenfall Brand auch als sicherheitstechnisches Steuerungskonzept (sSK) bezeichnet. Zur Erlangung von Genehmigungen und Freigaben wird das StK als Bestandteil des Sicherungskonzepts festgeschrieben. Das StK muss daher Bestandteil des Sicherungskonzepts sein. Dabei ist es unerheblich, ob das StK separat oder direkt in das Sicherungskonzept integriert ist. Eine ergänzende tabellarische Darstellung des StK hat sich bewährt.

Werden die Sicherungskonzepte und die Steuerungskonzepte (StK) geprüft und freigegeben bzw. genehmigt, so stellen diese Dokumente die Grundlage für alle weiteren Planungsschritte dar, siehe auch Bild 3.

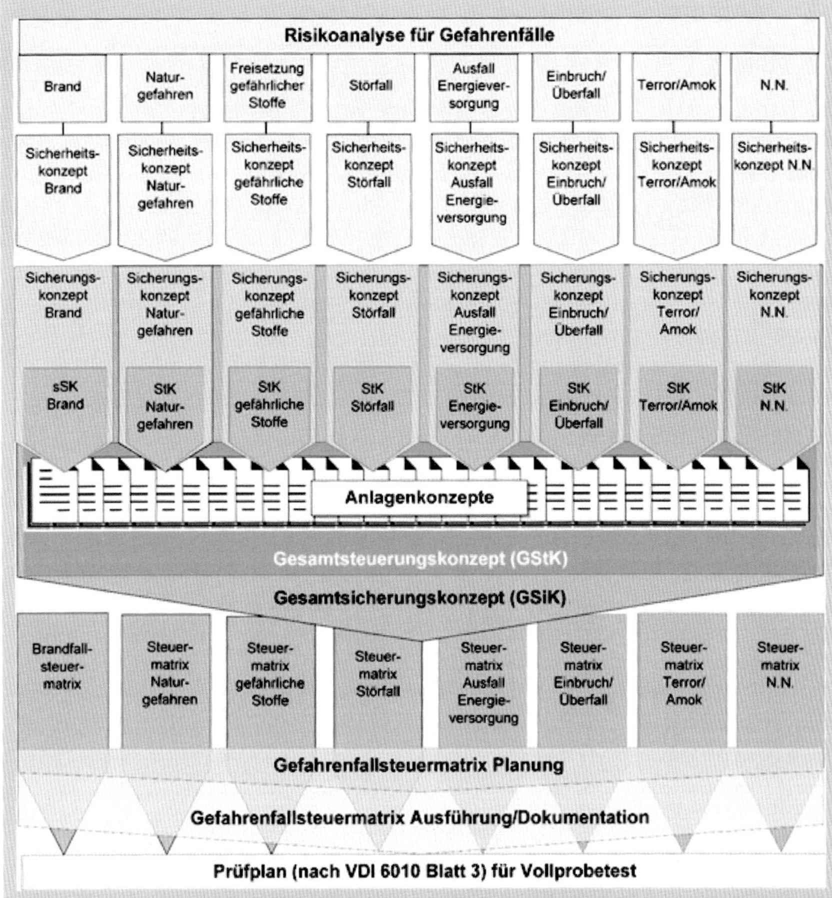

Bild 3. Von der Risikoanalyse über die Gefahrenfallsteuermatrix bis zum Prüfplan

Die Richtlinie beschreibt in diesem Punkt Prozessabläufe, die für alle Gefahrenfälle verallgemeinert werden können. Im Wesentlichen wird die Bearbeitung einzelner Gefahrenfälle vom Sicherheitskonzept über das Sicherungskonzept bis zur Erstellung von Steuerungskonzepten (StK) beschrieben. Wenn systemübergreifende Kommunikationen zwischen verschiedenen Systemen erforderlich sind, so ist dieses Zusammenwirken zwischen einzelnen Anlagen und Einrichtungen auf Basis der Anlagenkonzepte in den einzelnen Steuerungskonzepten für die Gefahrenfälle zu verarbeiten. Daraus entsteht dann ein

Gesamtsteuerungskonzept (GStK) für alle Gefahrenfälle. Dieses basiert immer auf der Risikobeurteilung des jeweiligen Gefahrenfalls.

Die Steuerungskonzepte, zusammengefasst in einem Gesamtsteuerungskonzept, werden im Ergebnis Bestandteil des Gesamtsicherungskonzepts (GSiK). Aus diesen Konzepten entstehen dann die Matrizen für die einzelnen Gefahrenfälle. Diese Matrizen werden in der Gefahrenfallsteuermatrix innerhalb der Planung zusammengeführt.

Für den bauordnungsrechtlich wesentlichen Gefahrenfall Brand ist das sicherheitstechnische Steuerungskonzept (sSK) Bestandteil des Sicherungskonzepts. Üblicherweise werden die Ergebnisse der Risikobeurteilung und des Sicherheitskonzepts für den Gefahrenfall Brand sowie das Sicherungskonzept einschließlich des sSK Bestandteil des Brandschutznachweises beziehungsweise Brandschutzkonzepts. Diese werden in bauordnungsrechtlichen Genehmigungsverfahren Bestandteil der Bauvorlagen. Aus diesen Bauvorlagen wird dann im Rahmen der weitergehenden Planungen und Ausführungen die Brandfallsteuermatrix erstellt und während der Realisierung fortgeschrieben.

Auf all diesen Dokumenten aufbauend kann dann für Prüfhandlungen der Prüfplan nach VDI 6010 Blatt 3 für Vollprobetests einschließlich bauordnungsrechtlich erforderlicher Wirk-Prinzip-Prüfungen erstellt werden.

Abbildung 21 zeigt einen vereinfachten Ablauf der Erstellung von Dokumenten am Beispiel des Brandschutzes. Das Sicherheitskonzept für den Brandschutz von Gebäuden und baulichen Anlagen ist durch die Landesbauordnungen, die Sonderbauverordnungen und die Sonderbaurichtlinien vorgegeben. Hierin sind die Schutzziele sowie konkrete Anforderungen definiert.

Mit dem Brandschutznachweis bzw. dem Brandschutzkonzept ist ein individuelles Sicherungskonzept für ein bestimmtes Gebäude aufgestellt. Das Brandschutzkonzept beinhaltet das sSK, in dem das notwendige Zusammenwirken der sicherheitstechnischen Anlagen konzeptionell beschrieben ist.

Aufbauend auf dem Brandschutzkonzept werden im nächsten Planungsschritt die Anlagenkonzepte, z. B. ein Brandmelde- und Alarmierungskonzept sowie ein Konzept für den Rauchabzug entwickelt.

Mit dem genehmigten Brandschutznachweis/Brandschutzkonzept und den Anlagenkonzepten wird in den weiteren Planungsphasen die Brandfallsteuermatrix erstellt und fortgeschrieben. Aus praktischer Erfahrung wird dringend empfohlen, nach Fortschreibung der Brandfallsteuermatrix diese mit dem sicherheitstechnischen Steuerungskonzept abzugleichen.

Die Vorgaben aus den Sicherungskonzepten und StK werden für den einzelnen Gefahrenfall in den entsprechenden Anlagenkonzepten (z. B. Lüftungskonzept, Brandmelde- und Alarmierungskonzept, Räumungskonzept) berücksichtigt.

Sind im weiteren Projektverlauf Änderungen am Sicherungskonzept und damit am StK erforderlich, so müssen diese im Gesamtzusammenhang erneut geprüft und freigegeben bzw. genehmigt werden.

Die Gesamtheit der notwendigen Sicherungskonzepte für einzelne Gefahrenfälle, einschließlich der zugehörigen StK, ergibt das Gesamtsicherungskonzept (GSiK).

Für das Zusammenführen der Sicherungskonzepte bei baulichen Anlagen ist nach Bauordnungsrecht der Entwurfsverfasser verantwortlich, da er für die Koordination und das Ineinandergreifen der Fachplanungen verantwortlich ist. Der bauordnungsrechtlich relevante Teil des Gesamtsicherungskonzepts wird so zum Bestandteil der Genehmigungsplanung.

Mit dem geprüften und freigegebenen bzw. genehmigten Sicherungskonzept für den einzelnen Gefahrenfall und mit dem StK liegen die Grundlagen für die weitere Detailplanung der Ausführung und Ausschreibung vor. In dieser Phase wird das StK zur Steuermatrix für den einzelnen Gefahrenfall weiterentwickelt.

Die Steuermatrix für den einzelnen Gefahrenfall kann dabei in unterschiedlichen Detaillierungsstufen für Ausschreibung, Ausführung, Programmierung und Visualisierung der Steuerungsfunktionen z. B. durch einen gewerkeübergreifend tätigen Fachplaner erstellt werden.

Werden für einzelne Gefahrenfälle jeweils separate Steuermatrizen erstellt, so müssen auch die Schnittstellen zueinander betrachtet und eine Gefahrenfallsteuermatrix erstellt werden. Diese einzelnen Matrizen bzw. die Gefahrenfallsteuermatrix werden in der Ausschreibung und Vergabe berücksichtigt.

Aus der Gefahrenfallsteuermatrix kann der Prüfplan erstellt werden. Der Prüfplan dient der Validierung der ausgeführten oder programmierten Steuerfunktionen in einem übergreifenden Funktionstest der technischen Anlagen, z. B. für einen Vollprobetest oder für die Wirk-Prinzip-Prüfung für den Brandfall, siehe auch VDI 6010 Blatt 3.

In der Bauausführung werden die oben genannten Dokumente fortgeschrieben und bei Bedarf detailliert. Bei Umplanungen sind Ergänzungen und Anpassungen notwendig, die gegebenenfalls wieder zur Genehmigung vorgelegt werden müssen. Eine baubegleitende Überwachung durch die späteren Prüfenden kann geeignet sein, die Prüfung vor Inbetriebnahme zu vereinfachen.

Im Rahmen der Inbetriebnahme des Gebäudes werden die Funktionen auf Grundlage der Gefahrenfallsteuermatrix geprüft. Die Prüfung kann nach VDI 6010 Blatt 3 erfolgen.

Im Lebenszyklus des Gebäudes sind Änderungen, die eine Relevanz für die Gefahrenfallsteuermatrix haben, z. B. Änderung der Nutzung, des Gebäudes oder der technischen Systeme, in dieser Matrix bzw. den vorgelagerten Dokumenten fortzuschreiben.

Nach Fertigstellung des Bauvorhabens erfolgt ein letzter Abgleich der Brandfallsteuermatrix mit dem sicherheitstechnischen Steuerungskonzept. Im Anschluss daran wird der Prüfplan für die Wirk-Prinzip-Prüfung nach VDI 6010 Blatt 3 erstellt, der auch für die privatrechtliche Abnahme der Bauleistung sowie die Instandhaltung der Brandfallsteuerungen während des Gebäudebetriebs genutzt werden kann.

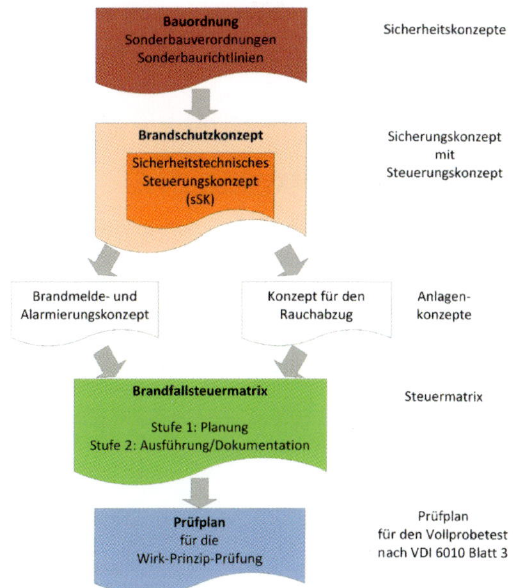

Abbildung 21: Vereinfachter Ablauf der Erstellung von Dokumenten für den Gefahrenfall Brand

Im Anhang B von VDI 6010 Blatt 1 wird der vorgenannte Ablauf der Erstellung einer Brandfallsteuermatrix anhand eines Projektbeispiels beschrieben und visuell dargestellt (siehe Kommentierung zu Anhang B Projektbeispiel).

8 Dokumente

Die Dokumentation der Brandfallsteuerungen ist die Grundlage für die Inbetriebnahme der angesteuerten technischen Anlagen und Einrichtungen und der Inbetriebnahme des Gesamtsystems sowie für die Vollprobetests einschließlich der Wirk-Prinzip-Prüfungen. Aus der Dokumentation der Brandfallsteuerungen werden die Prüfpläne gemäß VDI 6010 Blatt 3 entwickelt. So entstehen Sicherungskonzepte mit Steuerungskonzepten und daraus Steuermatrizen sowie Prüfpläne.

Ergänzend zu den Ausführungen in diesem Kapitel wird auf Umfang und Inhalt der zu erstellenden Dokumente auch in Kapitel 3, Kapitel 7 und Kapitel 10 dieser Kommentierung eingegangen. Im Kapitel 10 wird anhand eines Beispiels aus Anhang B der Richtlinien VDI 6010 Blatt 1 das Vorgehen Schritt für Schritt erläutert. Hier die elf einzelnen Schritte im Überblick:

1) Gebäude analysieren, Gebäude strukturieren nach Flächenzuordnung (Nutzungsbereiche, Brandabschnitte, Geschosse)
2) Anlagentypen auflisten (Lüftung, Entrauchung etc.)
3) Gruppierung der Anlagen nach Anlagenart
4) Wirk- und Auslöseflächen ermitteln
5) Grobmatrix „Anlagentyp“ und Auslöseform festlegen
6) Zuordnung der Anlagen nach Art der Ansteuerung
7) Aufgaben für Anlagen und Verknüpfungen aus Konzepten erfassen (Was muss wann passieren?)
8) Matrizen der einzelnen Gefahrenfälle erstellen
9) Mögliche Wechselwirkungen der einzelnen Gefahrenfälle erarbeiten
10) Gefahrenfallmatrix „Planung“ erstellen
11) Gefahrenfallmatrix „Ausführung/Dokumentation“ erstellen

8.1 Grundlagendokumente

8 Dokumente

8.1 Grundlagendokumente

Vor der Aufstellung von Steuerungskonzepten sind zunächst relevante, übergeordnete und objektspezifische Konzepte sowie Grundlagendokumente zu sichten. Zu den typischen Grundlagendokumenten gehören beispielsweise:

- Nutzungskonzepte
- Risikoanalyse
- Sicherheitskonzept

Ob eine Einrichtung oder Anlage im Rahmen des jeweiligen Falls sicherheitsrelevant wird, wird abschließend im Rahmen des Sicherungskonzepts festgelegt. Die Sicherheitsrelevanz richtet sich nach den definierten Schutzzielen.

Die nachfolgenden Abschnitte stellen dar, wie die Dokumente von der Risikoanalyse bis zum Prüfplan weiterentwickelt werden.

Als Grundlagendokumente werden Dokumente bezeichnet, die die Basis für die weitere Erarbeitung von Sicherungskonzepten mit den darin enthaltenen Steuerungskonzepten sind. Grundlagendokumente beinhalten beispielsweise alle notwendigen Angaben zur Nutzung des Gebäudes, Angaben zum Risiko für Gefahrenfälle oder auch Planungsunterlagen wie Grundrisse.

8.2 Sicherungskonzepte für einzelne Gefahrenfälle

8.2 Sicherungskonzept für den einzelnen Gefahrenfall

Das Sicherungskonzept für den einzelnen Gefahrenfall basiert auf einer Risikobeurteilung und auf den Schutzzielen des jeweiligen Sicherheitskonzepts. Es beinhaltet das Steuerungskonzept für den einzelnen Gefahrenfall.

Anmerkung: Im Gefahrenfall „Brand" beinhaltet ein Brandschutzkonzept ein Sicherungskonzept, jedoch auch das Sicherheitskonzept und die Risikoanalyse für den Brandfall.

Das Sicherungskonzept für den einzelnen Gefahrenfall beschreibt die notwendigen Maßnahmen zur Kompensation des Risikos des Gefahrenfalls. Es beschreibt neben notwendigen baulichen und organisatorischen Maßnahmen auch die beteiligten technischen Anlagen und deren Verknüpfungen im Gefahrenfall.

8.3 Steuerungskonzept für einzelne Gefahrenfälle (StK)

8.3 Steuerungskonzept für den einzelnen Gefahrenfall (StK)

Bei der Aufstellung von Steuerungskonzepten für einzelne Gefahrenfälle können die sicherheitsrelevanten Fälle gemäß Bild 2 bzw. Bild 3 betrachtet werden.

Im Zusammenhang mit der Erstellung von Steuerungskonzepten für einzelne Gefahrenfälle sind die grundlegenden funktionalen steuerungstechnischen Zusammenhänge zwischen Quellen und Senken festzulegen.

Im Steuerungskonzept werden die Funktionen und Wechselwirkungen bzw. Verknüpfungen zwischen den Systemen, die im Sicherungskonzept und in den Anlagenkonzepten definiert wurden, konzeptionell festgelegt.

Das Steuerungskonzept wird meist in Textform erstellt und bei Bedarf um Pläne, Diagramme und Tabellen ergänzt. Die Beschreibung folgender Themen im Steuerungskonzept hat sich in der Praxis bewährt:

- Beschreibung der Ausgangslage, Aufgabenstellung sowie Ziele und Grundsätze
- Projektbeschreibung, Beschreibung der Nutzungen, der Situation und der Zugänglichkeit, wenn nicht schon im Sicherungskonzept benannt
- Auflistung der Grundlagen (Vorschriften, Grundlagendokumente etc.), wenn nicht schon im Sicherungskonzept benannt
- Beschreibung der Rahmenbedingungen (Überwachungs- und Schutzumfang, Art der Quellen, Aufbau der Sicherheitsstromversorgung etc.)
- Beschreibung/Darstellung der Zonierung (Gruppe von Quellen, Hierarchie)
- Beschreibung der Ansteuerungsphilosophie (Abläufe bei einem Ereignis) pro Gruppe von Senken (im Brandfall z. B. lufttechnische Anlagen, Aufzugsanlagen, Rauch- und Wärmeabzugsanlagen, Rauchschutzdruckanlagen, Brandschutzabschlüsse, Alarmierungssysteme)
- Beschreibung der Übertragungswege

Die Steuerungskonzepte dienen als Abstimmungsdokumente mit allen Projektbeteiligten (Planerteam, Behörden, zukünftiger Betreiber etc.) und sind Teil des Gesamtsteuerungskonzepts.

Für Steuerungskonzepte für den Gefahrenfall Brand ist der Begriff „sicherheitstechnisches Steuerungskonzept“ (sSK) zu verwenden.

Im ersten Schritt zur Erstellung eines Steuerungskonzepts sind unter anderen folgende Fragestellungen zu beantworten:

1) Welche sicherheitstechnischen Anlagen und Einrichtungen werden zur Sicherstellung der Schutzziele gemäß den Vorgaben des Sicherungskonzepts benötigt?
2) Welche Anlagen und Einrichtungen für den bestimmungsgemäßen Betrieb sind im Gebäude angeordnet, die im Gefahrenfall durch Ansteuerungen initiierte Aktionen zur Umsetzung der Schutzziele ausführen müssen?

3) Sind zur Erfüllung von Schutzzielen Ansteuerungen von Anlagen und Einrichtungen zu berücksichtigen, die nicht primär Sicherheitszwecken dienen (Unterbrechung von Produktionsprozessen, Abschaltung von Beschallungen, Energieversorgungen, Schrankenanlagen etc.)?
4) Sind Anlagen und Einrichtungen zu berücksichtigen, die aufgrund von Bauherrn- oder Betreiberwünschen zur Sicherung von Sachgütern Ansteuerungen bedingen?
5) Welche Schutzziele sollen diese Anlagen und Einrichtungen im Kontext des Gesamtkonzepts erfüllen?
6) Welche Anlagengruppen (Teilsysteme) müssen miteinander verknüpft werden?

Im Ergebnis dieser ersten Überlegungen entsteht eine Übersicht von Anlagen, die im Gebäude für den jeweiligen Gefahrenfall erforderlich sind.

8.4 Gesamtsteuerungskonzept für ein Gebäude/ eine bauliche Anlage (GStK)

8.4 Gesamtsteuerungskonzept für ein Gebäude/ eine bauliche Anlage (GStK)

Das GStK wird erforderlich, wenn für ein Gebäude mehrere Steuerungskonzepte für einzelne Gefahrenfälle vorhanden sind und diese miteinander koordiniert werden müssen. Gegebenenfalls kann es erforderlich werden, aufgrund der Gesamtfunktionalität die Steuerungskonzepte für den einzelnen Gefahrenfall nachzupflegen.

Werden in einem Gebäude mehrere Steuerungskonzepte für einzelne Gefahrenfälle betrachtet, müssen diese miteinander koordiniert werden. So kann es möglich sein, dass aufgrund eines Gefahrenfalls (z. B. Einbruch) das Steuerungskonzept eines anderen Gefahrenfalls (z. B. Brand) angepasst werden muss. Dazu kann es gegebenenfalls notwendig sein, die jeweiligen Steuerungskonzepte um weitere übergreifende Funktionen zu ergänzen. Das Gesamtsteuerungskonzept beinhaltet also die Summe aller notwendigen Funktionen und Ansteuerungen für alle vorhandenen Gefahrenfälle.

8.5 Gesamtsicherungskonzept für ein Gebäude/ eine bauliche Anlage (GSiK)

8.5 Gesamtsicherungskonzept für ein Gebäude oder eine bauliche Anlage (GSiK)

Das GSiK wird erforderlich, wenn für ein Gebäude mehrere Sicherungskonzepte für einzelne Gefahrenfälle vorhanden sind und diese miteinander koordiniert werden müssen. Gegebenenfalls kann es erforderlich werden, aufgrund der Gesamtfunktionalität die Sicherungskonzepte für den einzelnen Gefahrenfall nachzupflegen.

Das GStK fließt gemeinsam mit den baulichen und organisatorischen Maßnahmen in das Gesamtsicherungskonzept ein.

Werden in einem Gebäude mehrere Sicherungskonzepte für einzelne Gefahrenfälle betrachtet, müssen diese miteinander koordiniert werden. So kann es möglich sein, dass aufgrund eines Gefahrenfalls das Sicherungskonzept eines anderen Gefahrenfalls angepasst werden muss. Das Gesamtsicherungskonzept beinhaltet also die Summe aller Angaben für alle vorhandenen Gefahrenfälle.

8.6 Steuermatrix für den einzelnen Gefahrenfall

8.6 Steuermatrix für den einzelnen Gefahrenfall

Für den einzelnen Gefahrenfall sind Steuermatrizen im Planungsverlauf zu erstellen. Diese Matrizen werden im nächsten Schritt zu einer Gefahrenfallsteuermatrix zusammengefasst.

Die Steuermatrix beschreibt die funktionalen und logischen Zusammenhänge/Verknüpfungen zwischen den Quellen und Senken der im Steuerungskonzept festgelegten Systeme. Bei der Erstellung der Steuermatrix sind die konzeptionellen Vorgaben aus dem Steuerungskonzept zu berücksichtigen und zu detaillieren.

In Plänen werden Auslösebereiche – mit gruppierten Quellen – des Gebäudes dargestellt. Die Detektion aus Quellen innerhalb einer Gruppe führt zu denselben Auslösemustern. Die Gefahrenfallsteuermatrix wird in der Regel in Tabellenform dargestellt und durch fortgeschriebene Pläne aus dem Sicherungskonzept ergänzt.

Anmerkung: Es ist zu beachten, dass dieselbe Senke mehrmals in einer Gefahrenfallsteuermatrix aufgeführt sein kann. Dies ist z. B. möglich, wenn sie in verschiedenen Szenen unterschiedlich angesteuert werden muss (z. B. unterschiedliche Brandfallhaltestellen bei einer dynamischen Aufzugssteuerung).

Die Steuermatrix für den einzelnen Gefahrenfall betrachtet alle funktionalen und logischen Zusammenhänge/Verknüpfungen zwischen den Quellen und Senken. Sie bildet die Grundlage für die Gefahrenfallsteuermatrix Planung, die die Matrizen einzelner Gefahrenfälle zu einer Gesamtmatrix für das Gebäude zusammenfügt. Für jeden im Gebäude zu betrachtenden Gefahrenfall ist eine solche Steuermatrix zu erstellen. Die Darstellung in Tabellenform wird ausdrücklich empfohlen, Darstellungen in Textform bringen gegebenenfalls Unklarheiten der eindeutigen Beschreibung der Funktionen mit sich.

8.7 Gefahrenfallsteuermatrix Planung

8.7 Gefahrenfallsteuermatrix Planung

In diesem Schritt werden die Matrizen für den einzelnen Gefahrenfall zu einer „Gefahrenfallsteuermatrix Planung" zusammengeführt. Dabei sind insbesondere die Wechselwirkungen zwischen den einzelnen Gefahrenfällen zu erfassen und zu dokumentieren, gegebenenfalls sind Vorgängerdokumente anzupassen.

Die „Gefahrenfallsteuermatrix Planung" dient insbesondere als Grundlage für die Programmierung der Systeme.

Bei der nummerischen Bezeichnung einzelner Komponenten sind innerhalb eines Projekts gewerkeübergreifend dieselben Bezeichnungen/Nummern zu verwenden.

Identische Auslösemuster sind zur Vereinfachung der Planung von Wirkprinzipprüfungen und Vollprobentests direkt nebeneinander darzustellen.

Planänderungen erfordern in der Folge eine Anpassung aller weiteren Dokumente.

Sind die Steuermatrizen für die in einem Gebäude möglichen Gefahrenfälle fertiggestellt, wird auf Basis des Gesamtsicherungskonzepts die Gefahrenfallsteuermatrix „Planung" erstellt. Diese Gefahrenfallsteuermatrix berücksichtigt alle Wechselwirkungen zwischen einzelnen Gefahrenfällen. Sie wird während der Planung des Gebäudes erstellt und dient im Weiteren als Grundlage für die Ausführung der technischen Anlagen. Der Bauherr übergibt diese Gefahrenfallsteuermatrix den ausführenden Unternehmen, die diese dann im Rahmen ihrer Werk- und Montageplanung als Grundlage benutzen. Dem Bauherrn wird empfohlen bei Vorhandensein mehrerer Gefahrenfälle einen Koordinator für die Gefahrenfallsteuermatrix „Planung“ einzusetzen.

8.8 Gefahrenfallsteuermatrix Ausführung/Dokumentation

8.8 Gefahrenfallsteuermatrix Ausführung/Dokumentation

Bis zur Fertigstellung des Gebäudes oder der baulichen Anlage muss die Gefahrenfallsteuermatrix fortgeschrieben werden und mindestens folgende Punkte enthalten:

- Quellen inklusive räumlicher Angabe/Planverweis: Zusammenfassung mehrerer Quellen in einer Gruppe
- Senken inklusive räumlicher Angabe/Planverweis
- systemspezifische Adresse der Quellen
- systemspezifische Adresse der Senken
- systemspezifische Adresse der Schnittstellen
- Art des Übertragungswegs

Es wird empfohlen, die Matrix so aufzubauen, dass aus ihr schnell und einfach Prüfpläne für den Vollprobetest nach VDI 6010 Blatt 3 generiert werden können.

Ziele bei der Erstellung der Matrix können sein:

- Grundlage für Einzeltests an Systemen und Anlagen
- Dokumentation für den Gebäudebetreiber

Die Version der Gefahrenfallsteuermatrix, die der Inbetriebnahme des Gebäudes zugrunde lag, ist zu dokumentieren und dauerhaft zu sichern; sie ist die Basis zur Dokumentation der nächsten Änderung.

Vor allen baulichen oder gebäudetechnischen Veränderungen des ursprünglich genehmigten Zustands ist zu prüfen, ob der aktuelle Zustand in Übereinstimmung mit den Vorgängerdokumenten ist und ob die geplante Änderung Auswirkungen auf die Gefahrenfallsteuermatrix hat.

Jede Veränderung an der Gefahrenfallsteuermatrix ist umfassend zu dokumentieren und zu sichern. Zur Dokumentation gehören auch alle Zeichnungen, Planungsunterlagen und Gutachten, die Grundlage für Veränderungen der Gefahrenfallsteuermatrix sind. Die Pflege und Fortschreibung dieser Dokumentation ist in der Verantwortung des Eigentümers.

Die ausführenden Unternehmen erstellen im Rahmen ihrer Werk- und Montageplanung die Gefahrenfallsteuermatrix „Ausführung". Dabei kann es noch einmal zu Anpassungen der Matrizen der einzelnen Gefahrenfälle kommen. Sollten mehrere ausführende Unternehmen an der Gefahrenfallsteuermatrix beteiligt sein, wird dem Bauherrn empfohlen, einen Koordinator für die Gefahrenfallsteuermatrix „Ausführung" einzusetzen.

Ziel ist, dass die für die Bauausführung und Inbetriebnahme zugrunde liegenden Matrizen sich schnell und einfach zu Prüfplänen generieren lassen und der Bauherr nach Prüfung des Gebäudes eine vollständige Dokumentation über die Funktion des Gebäudes in den Gefahrenfällen erhält. Diese Dokumentation ist die Basis für spätere notwendige Umbauten oder Prüfungen.

Grundsätzlich sind alle neuen Stände der Matrix mit einem Index zu versehen.

9 Anhang A – Grundlagen aus anderen Regelwerken

9.1 A1 DIN 14674

Anhang A Grundlagen aus anderen Regelwerken

A1 DIN 14674

In der DIN 14674 sind Anforderungen an Übertragungswege festgelegt. Bei Brandfallsteuerungen betrachtet man auch den verlängerten Übertragungsweg von der Steuereinrichtung (binärer Ausgang der Brandmeldeanlage) zum anzusteuernden System (z. B. Entrauchungsanlage). Auch diese Wege, auf denen das Signal bis in das anzusteuernde System übertragen wird, müssen gemäß den Anforderungen der DIN 14674 ausgeprägt sein (siehe hierzu auch VDI 6010 Blatt 2).

Die DIN 14674 beschreibt die anlagenübergreifende Vernetzung von Brandmeldeanlagen mit anderen technischen Anlagen mithilfe von Übertragungswegen. Abbildung 22 zeigt die organisatorischen und technischen Systemgrenzen der Brandmeldeanlage (ansteuerndes System) und der anzusteuernden Systeme (beispielsweise Aufzüge). Die Anforderung an die Übertragungswege gemäß DIN 14674 sind im Rahmen der Fachplanung festzulegen.

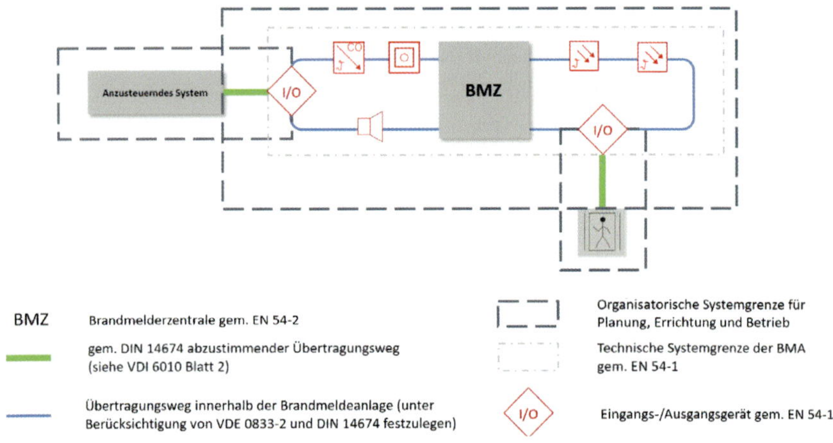

Abbildung 22: Systemgrenzen zwischen ansteuernden und anzusteuernden Systemen

9.2 A2 DIN 14675

A2 DIN 14675

Die DIN 14675-1 enthält Anforderungen an die Planung, Ausführung und den Betrieb von Brandmeldeanlagen. Die für die jeweiligen Phasen relevanten Dokumente sind in einer Dokumentenliste aufgeführt.

Anmerkung: In einer Gefahrenfallsteuermatrix werden ergänzend auch systemeigene Steuerungen und Kommunikationsschnittstellen dargestellt, z. B. Ansteuerung Feuerwehr-Schlüsseldepot.

Die DIN 14675 besteht seit April 2018 aus zwei Teilen. Während Teil 1 den Aufbau und Betrieb von Brandmelde- und Sprachalarmanlagen beschreibt, definiert Teil 2 auf Basis der europäischen Dienstleistungsnorm für Sicherheitsanlagen und Brandsicherheitsanlagen DIN EN 16763 Anforderungen an Fachfirmen für Brandmelde- und Sprachalarmanlagen.

Die DIN 14675-1 beschreibt die Konzeptionierung, die Planung, den Aufbau und den Betrieb von Brandmelde- und Sprachalarmanlagen in verschiedenen Phasen. Diese Phasen werden in Kapitel 5 (Konzept) bis Kapitel 12 (Änderung und Erweiterung) der Norm jeweils detailliert beschrieben und in Kapitel 13 und Kapitel 14 um Festlegungen für Sprachalarmanlagen ergänzt.

Die Konzeptionierung einer BMA/SAA beginnt mit einem auf dem Brandschutzkonzept aufbauenden Brandmelde- und Alarmierungskonzept. Hierbei handelt es sich im Sinne der VDI 6010 Blatt 1 um ein Anlagenkonzept. Im Brandmelde- und Alarmierungskonzept müssen auch Festlegungen zu Steuerungen brandschutzrelevanter Systeme enthalten sein.

In der früheren Fassung der DIN 14675 sowie in der aktuellen Fassung der mitgeltenden DIN 14661 (Feuerwehr-Bedienfeld für Brandmeldeanlagen) wurde/wird darauf hingewiesen, dass akustische und optische Alarmierungseinrichtungen sowie zusätzliche Anzeige- und Informationseinrichtungen (FAT, FSD, Blitzleuchten) keine Brandfallsteuerungen darstellen. Aus diesem Grund ist hier darauf hinzuweisen, dass die Funktionen der genannten Komponenten dennoch im sicherheitstechnischen Steuerungskonzept beschrieben und in der Brandfallsteuermatrix aufzuführen sind.

9.3 A3 VDE 0833

A3 VDE 0833

Die VDE 0833 enthält Festlegungen für Gefahrenmeldeanlagen und Sprachalarmanlagen. Darin werden Schnittstellen beschrieben. Ferner wird ein Auszug der Brandfallsteuermatrix als Teil der Anlagendokumentation gefordert.

Die Normenreihe VDE 0833 beschreibt Gefahrenmeldeanlagen für Brand, Einbruch und Überfall. Während in Teil 1 allgemeine Festlegungen getroffen werden, konkretisiert Teil 2 die Festlegungen für Brandmeldeanlagen, Teil 3 die Festlegungen für Einbruchmeldeanlagen und Teil 4 die Festlegungen für Sprachalarmanlagen.

Teil 1, Teil 2 und Teil 4 der Normenreihe sind eng mit der Normenreihe DIN 14675 (siehe Kapitel 9.2) verknüpft und konkretisieren die entsprechenden Phasen (siehe Abbildung 23).

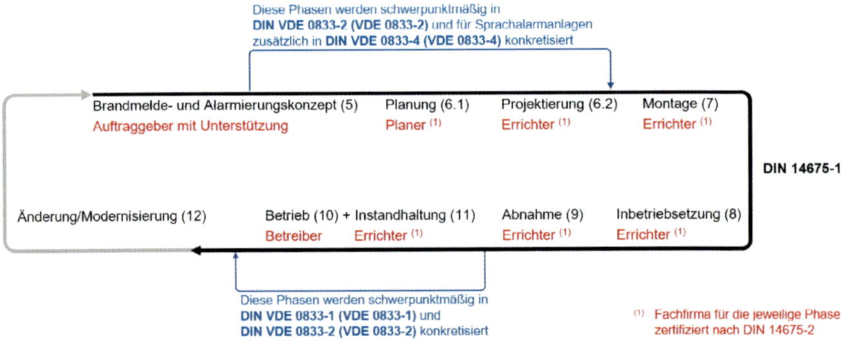

Abbildung 23: Zusammenhang zwischen den Normenreihen DIN 14675 und DIN VDE 0833 (Quelle: Hekatron Brandschutz)

Bezogen auf Wechselwirkungen mit anderen Anlagen beschreibt DIN VDE 0833-2*VDE 0833-2 beispielsweise, in welchen Fällen die Übertragungswege auf Störungen überwacht werden müssen und definiert auf Basis der Richtlinie VdS 2496 Schnittstellen zu Löschanlagen.

DIN VDE 0833-4*VDE 0833-4 beschreibt beispielhaft die Schnittstellen zwischen Brandmelde- und Sprachalarmanlagen.

9.4 A4 VDI 3814

A4 VDI 3814

Die VDI 3814 enthält Festlegungen zur Planung, der Errichtung und dem Betrieb von Anlagen der Gebäudeautomation.

Die VDI-Richtlinienreihe VDI 3814 beschreibt Systeme der Gebäudeautomation und deren Funktionen. Die Gebäudefunktionen sind in der VDI 3814 beschrieben und können gemäß VDI 6010 Blatt 1 und Blatt 3 in einer Matrix als Szenario dargestellt werden.

Da im Rahmen eines Vollprobetests ein Eigentümer, Nutzer oder Betreiber die Dokumentation von Nutzungsfunktionen (siehe Abbildung 1) wünschen kann, ist die VDI 3814 hier als Referenz genannt. Die Dokumentation als geprüftes Szenario kann ergänzend zum Werkvertrag bzw. zum in der VOB Teil C ATV DIN 18386 Gebäudeautomation genannten Datenpunkttest und den dort beschriebenen Protokollen zur Inbetriebnahme und Einregulierung vertraglich vereinbart werden, sodass der Nachweis von geforderten Funktionen für den Eigentümer, Nutzer oder Betreiber vorliegt.

9.5 A5 TRVB 151S

A5 TRVB 151S

Der Österreichische Bundesfeuerwehrverband hat mit der TRVB 151S eine Vorgabe zum Aufbau von Brandfallsteuerungen herausgegeben. In dieser Technischen Richtlinie für vorbeugenden Brandschutz (TRVB) werden Hinweise zur Ansteuerung von automatischen Brandschutzeinrichtungen durch automatische Brandmeldeanlagen gegeben. In Österreich wurden damit einheitliche Mindestanforderungen für ein Brandfallsteuersystem festgelegt.

Die TRVB 151 S ist in Deutschland nicht anwendungsrelevant. Jedoch sind die dort beschriebenen Anforderungen an Brandfallsteuerungen beispielhaft. Für Bauherren und Eigentümer gibt diese technische Regel aus Österreich interessante Hinweise.

9.6 A6 SIA 2046

A6 SIA 2046

Die SIA 2046 wurde als MerkBlatt vom Schweizer Ingenieur- und Architektenverband herausgegeben. In diesem werden integrale Tests von gebäudetechnischen Systemen (in Deutschland: „Vollprobetests gemäß VDI 6010 Blatt 3") beschrieben. Während die SIA 2046 den Umfang und den zeitlichen Ablauf eines integralen Tests erklärt, wird in der VDI 6010 Blatt 3 die Durchführung und die Dokumentation eines Vollprobetests beschrieben.

Seit mehreren Jahren werden in der Schweiz sogenannte „integrale Tests" durchgeführt. Die in der SIA 2046 beschriebenen integralen Tests sind mit dem Vollprobetest aus VDI 6010 Blatt 3 vergleichbar.

9.7 A7 Brandschutzleitfaden des Bundes

A7 Brandschutzleitfaden des Bundes

Der Brandschutzleitfaden des Bundes [2] gibt Hinweise für die Planung, Ausführung und den Betrieb des Brandschutzes von Gebäuden des Bundes. In Anlage 7 des Leitfadens des Bundes werden die funktionalen Abhängigkeiten des anlagentechnischen Brandschutzes beispielhaft beschrieben.

Der Brandschutzleitfaden des Bundes ist eine Empfehlung, um bei der Brandschutzplanung durch staatliche Bauverwaltungen oder Fachplaner Hilfestellungen und Unterstützungen zu geben. Er dient der einheitlichen Umsetzung von Grundsätzen im Brandschutz für Planung, Durchführung, Betrieb und Instandhaltung.

9.8 A8 VBG-Fachwissen BGI 5097

A8 VBG-Fachwissen BGI 5097

Der Leitfaden beschreibt das Vorgehen der Risikobeurteilung, der Schutzzielfestlegung und der Maßnahmenfestlegung für unterschiedliche Gefahrenfälle.

In der Informationsschrift, die früher als BGI 5097 bei der Deutschen Gesetzlichen Unfallversicherung (DGUV) veröffentlicht war, werden Gefährdungsschwerpunkte und Präventionsmaßnahmen beschrieben, mit deren Hilfe die Anforderungen des Arbeitsschutzes ermittelt, konkretisiert und erfüllt werden sollen.

9.9 A9 VdTÜV MB GEBT 1801-3

A9 VdTÜV MB GEBT 1801-3

VdTÜV MB GEBT 1801-3 [3] wurde als MerkBlatt vom Verband der TÜV e.V. herausgegeben. In diesem MerkBlatt werden die Anforderungen und der Prüfumfang bei der Prüfung des bestimmungsgemäßen Zusammenwirkens von prüfpflichtigen sicherheitstechnischen Anlagen beschrieben.

Das VdTÜV MerkBlatt GEBT 1801-3 Ausgabe 07.2016 ist nicht mehr gültig und wurde zurückgezogen. Es wurde durch das VdTÜV MerkBlatt GEBT 1803 vom 12.03.2018 ersetzt.

Das VdTÜV MerkBlatt GEBT 1803 gibt Erläuterungen zur Prüfung des bestimmungsgemäßen Zusammenwirkens (Wirk-Prinzip-Prüfung) von Anlagen nach den Prüfverordnungen der Länder und stützt sich dabei auf die Muster-Prüfverordnung (MPrüfVO).

Im MerkBlatt wird dargestellt, dass bei der Prüfung des bestimmungsgemäßen Zusammenwirkens nur die für das Projekt anzuwendenden bauordnungsrechtlichen Anforderungen aus der Landesbauordnung, den Sonderbauverordnungen, Sonderbaurichtlinien sowie der Baugenehmigung und dem genehmigten Brandschutznachweis (bzw. aus dem Brandschutzkonzept) maßgebend sind.

Um die bauordnungsrechtlich geforderten Schutzziele zu erreichen, empfiehlt das MerkBlatt das Zusammenwirken und die Verknüpfung der beteiligten Anlagen in einem sicherheitstechnischen Steuerungskonzept (sSk) zu beschreiben, auch wenn es bauordnungsrechtlich im jeweiligen Bundesland nicht gefordert wird.

10 Anhang B Projektbeispiel

Anhang B Projektbeispiel

Anhand des nachfolgenden Beispielgebäudes wird das Vorgehen bei der Erstellung einer Gefahrenfallsteuermatrix beispielhaft dargestellt. Das Beispielgebäude umfasst:

- drei Untergeschosse (UG)
- Erdgeschoss (EG)
- fünf Obergeschosse (OG)
- Dachgeschoss (DG)

Dabei ist der Brandfall als einziger Gefahrenfall betrachtet. Das Gebäude gliedert sich in zwei Brandabschnitte.

Das Beispielgebäude ist ein Hochhaus mit Mischnutzung, folgende Nutzungen sind enthalten:

- Tiefgarage in den UG (gegliedert in einen Rauchabschnitt vertikal und drei Rauchabschnitte horizontal)
- Technik- und Lagerbereiche in den UG
- Verkaufsstätte im UG1 und EG
- Büroflächen im EG und den fünf OG
- Technikzentrale im DG

Die bauliche Anlage wird nach § 2 MBO als Sonderbau eingestuft. Die bauliche Anlage besitzt eine Grundfläche größer als 1600 m², die zur Einordnung nach § 2 Absatz 4 MBO als Sonderbau relevant ist. Die Verkaufsflächen besitzen eine Bruttogrundfläche (BGF) von ungefähr 6200 m² und eine Grundfläche von mehr als 800 m². Demnach ist es weiterhin als Sonderbau-Verkaufsstätte gemäß § 2 Absatz 4 Punkt 4 MBO zu betrachten.

Der Bürobereich besitzt insgesamt sechs Obergeschosse. Die Oberkante des Fertigfußbodens des sechsten Obergeschosses liegt 22,75 m über der Geländeoberfläche. Gemäß § 2 Absatz 4 Punkt 1 sind bauliche Anlagen mit einer Höhe von mehr als 22 m als Sonderbau-Hochhaus zu betrachten.

Bei der baulichen Anlage handelt es sich um einen geregelten Sonderbau. Das Gebäude wird auf der Grundlage der Muster-Bauordnung (MBO) und der Muster-Verordnung über den Bau und Betrieb von Verkaufsstätten (Muster-Verkaufstättenverordnung – MVKVO) für die Nutzung der Verkaufsflächen beurteilt.

Weiterhin sind die Anforderungen der Muster-Richtlinie über den Bau und Betrieb von Hochhäusern (Muster-Hochhaus-Richtlinie – MHHR) zu berücksichtigen.

In den drei unterirdischen Geschossen befindet sich eine Großgarage, die nach Muster-Verordnung über den Bau und Betrieb von Garagen (Muster-Garagenverordnung M-GarVO) zu beurteilen ist.

Die nachfolgend aufgeführten Anlagen sind in der Gefahrenfallsteuermatrix verknüpft und werden deshalb genannt. Im Gebäude existieren weitere Anlagen, die nutzungsbedingt oder bauordnungsrechtlich gefordert sind.

Nutzungsbedingt ist das Gebäude mit folgenden Anlagen ausgestattet, die im Gefahrenfall betrachtet werden:

- Aufzugsanlagen
- RLT-Anlagen
- Schrankenanlage der Tiefgarage

Bauordnungsrechtlich sind im Brandschutzkonzept für das Gebäude folgende sicherheitstechnische Anlagen vorgesehen:

- Brandmeldeanlage
- Alarmierungsanlagen
- vorgesteuerte Sprinkleranlage Typ A
- maschinelle Rauchableitung für die Tiefgarage und innen liegenden Technik- und Lagerflächen, sowie für die zweigeschossige Verkaufsfläche
- natürliche Rauchableitung für die Verkaufsflächen im EG
- Rauchschutzdruckanlage für den Sicherheitstreppenraum

Durch die Brandmeldeanlage sollen im Brandfall folgende sicherheitstechnische Anlagen und Einrichtungen bei jedem Brandereignis unabhängig vom Brandabschnitt (Brandabschnitt 1 und Brandabschnitt 2) angesteuert werden:

- Meldung zur Feuerwehr
- Öffnung des Feuerwehrschlüsseldepots (FSD)
- Hinweisleuchte über FSD
- Abschaltung der raumlufttechnischen Anlagen
- Brandfallsteuerung der Aufzüge
- akustische Alarmierung mit Signalgebern
- Räumungsdurchsage der Sprachalarmanlage
- Schrankenanlage der Tiefgarage

Ansteuerungen bei allen Brandereignissen im Brandabschnitt 1:

- Rauchschutzdruckanlage (RDA) im Sicherheitstreppenraum
- Ereignisabhängige Ansteuerungen:
- Ansteuerung der vorgesteuerten Löschanlage
- Ansteuerung der Anlagen zur natürlichen Rauchableitung in der Ladenstraße
- Ansteuerung der Öffnungen zur natürlichen Rauchableitung der Ladeneinheiten an der Ladenstraße
- Ansteuerung der maschinellen Rauchableitung (Entrauchungsszenarien)

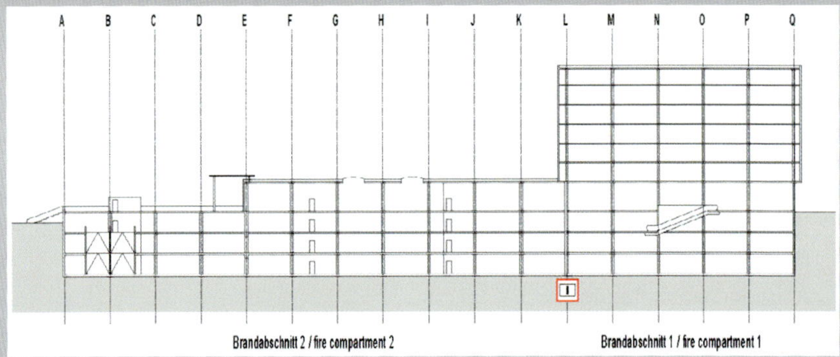

Bild B1. Beispielgebäude Schnitt

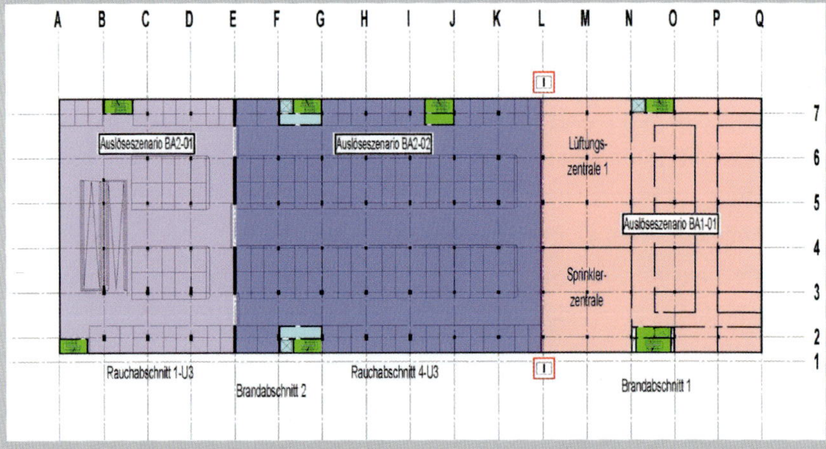

Bild B2. Beispielgebäude Untergeschoss 3

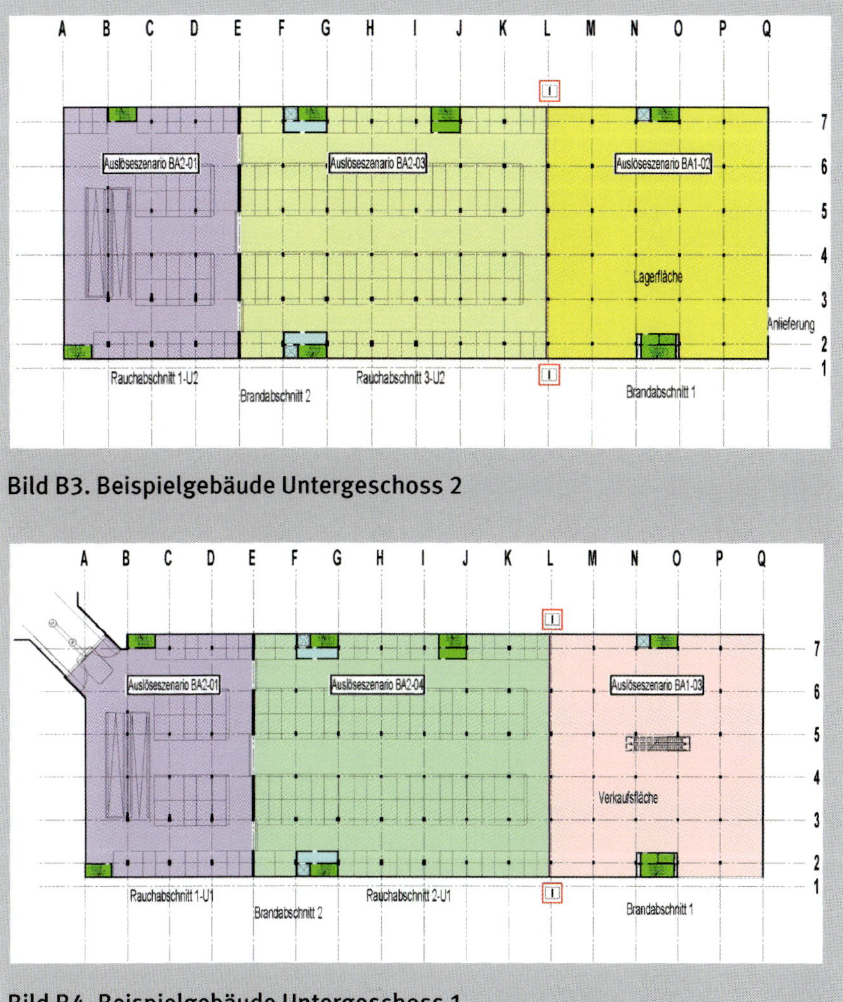

Bild B3. Beispielgebäude Untergeschoss 2

Bild B4. Beispielgebäude Untergeschoss 1

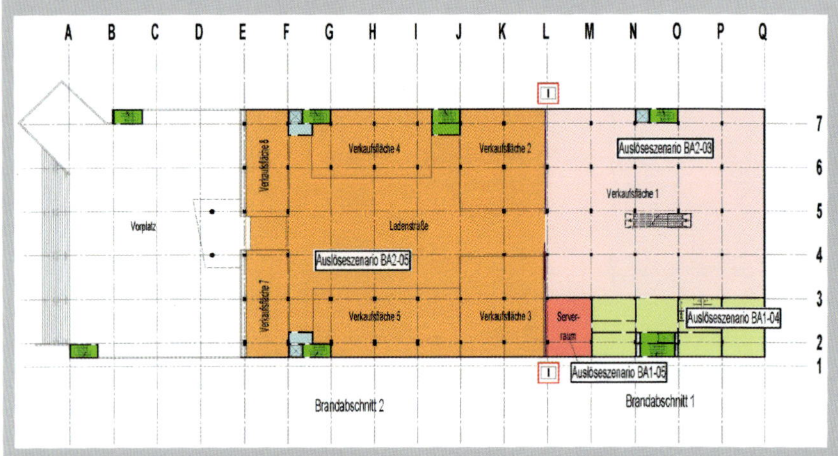

Bild B5. Beispielgebäude Erdgeschoss

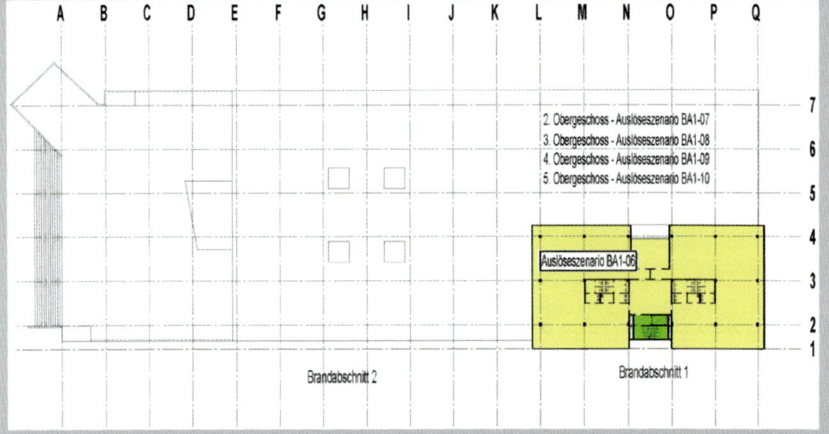

Bild B6. Beispielgebäude erstes Obergeschoss als Regelgeschoss mit Hinweisen auf Auslöseszenarien im zweiten Obergeschoss bis zum fünften Obergeschoss

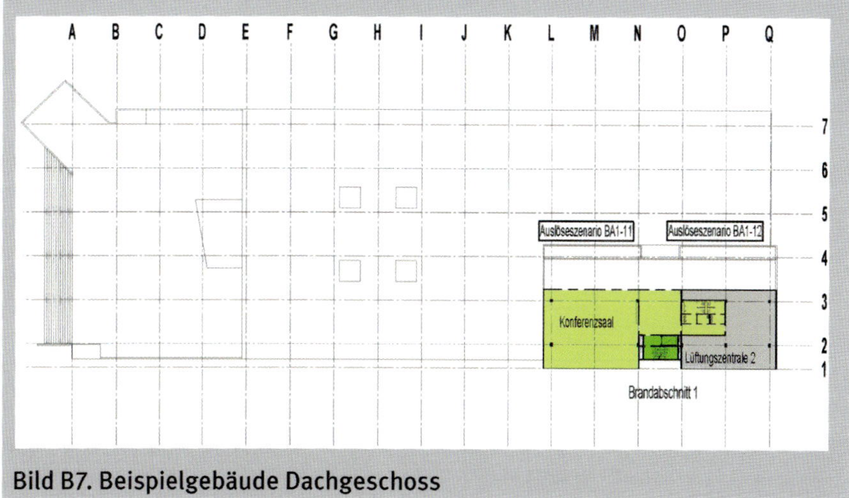

Bild B7. Beispielgebäude Dachgeschoss

10.1 Grundlagen

Wie im Kapitel 8 beschrieben, sind folgende Schritte durchzuführen:

1) Gebäude analysieren, Gebäude strukturieren nach Flächenzuordnung (Nutzungsbereiche, Brandabschnitte, Geschosse)
2) Anlagentypen auflisten (Lüftung, Entrauchung etc.)
3) Gruppierung der Anlagen nach Anlagenart
4) Wirk- und Auslöseflächen ermitteln
5) Grobmatrix „Anlagentyp“ und Auslöseform festlegen
6) Zuordnung der Anlagen nach Art der Ansteuerung
7) Aufgaben für Anlagen und Verknüpfungen aus Konzepten erfassen (Was muss wann passieren?)
8) Matrizen der einzelnen Gefahrenfälle erstellen
9) Mögliche Wechselwirkungen der einzelnen Gefahrenfälle erarbeiten
10) Gefahrenfallmatrix „Planung“ erstellen
11) Gefahrenfallmatrix „Ausführung/Dokumentation“ erstellen

Im Beispiel wird davon ausgegangen, dass Grundlagendokumente (z. B. Konzepte, Anlagenbeschreibungen) vorliegen.

Mit dem Beispiel im Anhang B werden die grundlegenden Arbeitsschritte von der Erstellung des sicherheitstechnischen Steuerungskonzepts bis hin zur Brandfallsteuermatrix dargestellt.

Tabelle B1. Beispielgebäude sSK – tabellarische Darstellung

Gebäudeabschnitt/Bauteil																																										
Lage in der baulichen Anlage (Brandabschnitt)				Brandabschnitt 1																											Brandabschnitt 2											
Lage in der baulichen Anlage (Geschossebene)				geschossübergreifende Meldebereiche				3. UG		2. UG		1. UG		EG				1. OG		2. OG		3. OG		4. OG		5. OG		6. OG			geschossübergreifende Meldebereiche				3. UG		2. UG		1. UG		EG	
Anlagen/ Senke/Aktoren	Funktion/Quelle/ Sensoren			Melder in Leitungen der raumlufttechnischen Anlagen	Sicherheitstreppenraum	Treppenräume	Aufzugsschächte/-anlagen	Auslösebereich BA1-01		Auslösebereich BA1-02		Auslösebereich BA1-03 (UG 1)		Auslösebereiche BA1-03; BA1-04, BA1-05	Auslösebereich BA1-03 (EG)	Auslösebereich BA1-04	Auslösebereich BA1-05	Auslösebereich BA1-06		Auslösebereich BA1-07		Auslösebereich BA1-08		Auslösebereich BA1-09		Auslösebereich BA1-10		Auslösebereich BA1-11, Auslösebereich BA1-12	Auslösebereich BA1-11	Auslösebereich BA1-12	Treppenräume	Aufzugsschächte/-anlagen	Auslösebereich BA2-01 - UG3 bis UG1		Auslösebereich BA2-02		Auslösebereich BA2-03		Auslösebereich BA2-04		Auslösebereich BA2-05	
				Automatische Melder	Automatische Melder	Automatische Melder	Automatische Melder	Nicht automatische Melder	Automatische Melder	Nicht automatische Melder	Automatische Melder	Automatische Melder	Nicht automatische Melder	Nicht automatische Melder	Automatische Melder	Automatische Melder	Automatische Melder	Nicht automatische Melder	Automatische Melder	Nicht automatische Melder	Automatische Melder	Nicht automatische Melder	Automatische Melder	Nicht automatische Melder	Automatische Melder	Nicht automatische Melder	Automatische Melder	Nicht automatische Melder	Automatische Melder	Automatische Melder	Automatische Melder	Automatische Melder	Nicht automatische Melder	Automatische Melder	Nicht automatische Melder	Automatische Melder	Nicht automatische Melder	Automatische Melder	Nicht automatische Melder	Automatische Melder	Nicht automatische Melder	Automatische Melder
Anlage	Komponente	Bemerkung	Aktion																																							
Verknüpfung der Brandmelderzentralen																																										
Brandmelderzentrale	BMZ		Verarbeiten und Darstellen von Informationen	X		X	X	X	X	X	X	X	X	X	X	X	X	X	X	X	X	X	X	X	X	X	X	X	X	X	X	X	X	X	X	X	X	X	X	X	X	X
Brandmelderzentrale	Feuerlöschzentrale		Verarbeiten und Darstellen von Informationen																																							
Aufschaltung zu hilfeleistender Stelle																																										
Übertragungseinrichtung	ÜE		Alarmierung Leitstelle (Feueralarm)			X	X	X	X	X	X	X	X	X	X	X	X	X	X	X	X	X	X	X	X	X	X	X	X	X	X	X	X	X	X	X	X	X	X	X	X	X
Feuerwehrperipherie																																										
BMA	Komponenten der Feuerwehrperipherie	gemäß Anlagenplanung	Ansteuern	X		X	X	X	X	X	X	X	X	X	X	X	X	X	X	X	X	X	X	X	X	X	X	X	X	X	X	X	X	X	X	X	X	X	X	X	X	X
Alarmierungsanlagen																																										
akustische Alarmierung																																										
BMA	akustische Signalgeber	gemäß Anlagenplanung	Einschalten	X		X	X	X	X	X	X	X	X	X	X	X	X	X	X	X	X	X	X	X	X	X	X	X	X	X	X	X	X	X	X	X	X	X	X	X	X	X
Sprachalarmierungsanlage (SAA)																																										
Sprachalarmierungsanlage	Lautsprecher	gemäß Anlagenplanung	Einschalten Bandansage	X		X	X	X	X	X	X	X	X	X	X	X	X	X	X	X	X	X	X	X	X	X	X	X	X	X	X	X	X	X	X	X	X	X	X	X	X	X
Optische Alarmierung																																										
Brandmeldeanlage	optische Signalgeber	Technikzentralen	Einschalten	X		X	X	X	X	X	X	X	X	X	X	X	X	X	X	X	X	X	X	X	X	X	X	X	X	X	X	X	X	X	X	X	X	X	X	X	X	X
Selbsttätige Feuerlöschanlagen																																										
Vorgesteuerte Sprinkleranlage Typ A																																										
Vorgesteuerte Sprinkleranlage Typ A	vTAV, Löschbereich 1 (LB1)		Aktivieren																															X		X		X		X		
Vorgesteuerte Sprinkleranlage Typ A	vTAV, Löschbereich 2 (LB2)		Aktivieren									X			X	X																										
Vorgesteuerte Sprinkleranlage Typ A	vTAV, Löschbereich 3 (LB3)		Aktivieren																																							X
Vorgesteuerte Sprinkleranlage Typ A	vTAV, Löschbereich 4 (LB4)		Aktivieren								X																															
Vorgesteuerte Sprinkleranlage Typ A	vTAV, Löschbereich 5 (LB5)		Aktivieren						X																																	
Gaslöschanlage																																										
Gaslöschanlage	ARGON-Löschanlage		Raum fluten														X																									

Tabelle B1. Beispielgebäude sSK – tabellarische Darstellung (Fortsetzung)

Aufzugsanlagen																																										
Aufzugsanlage Feuerwehraufzug	statische Brandfallsteuerung		Anfahren primäre Brandfallhaltestelle EG, Außerbetriebsetzung, Türen öffnen		X	X	X	X	X	X	X	X	X	X	X	X	X	X	X	X	X	X	X	X	X	X	X	X	X	X												
Aufzugsanlage Feuerwehraufzug	Gegensprechanlage FW-Aufzug		Einschalten		X	X	X	X	X	X	X	X	X	X	X	X	X	X	X	X	X	X	X	X	X	X	X	X	X	X												
Aufzugsanlagen	erweiterte statische Brandfallsteuerung		Anfahren primäre Brandfallhaltestelle EG, Außerbetriebsetzung, Türen öffnen			X	X		X		X	X							X		X		X		X		X		X	X	X	X		X		X		X		X		
Aufzugsanlagen	erweiterte statische Brandfallsteuerung		Anfahren sekundäre Brandfallhaltestelle UG1, Außerbetriebsetzung, Türen öffnen												X	X	X																									X
Anlagen zur Rauchfreihaltung																																										
Rauchschutzdruckanlage RDA 1 -Treppenraum N-O/1-2, Feuerwehraufzug																																										
RDA- Anlage 1	Zuluftventilator		Einschalten		X	X	X		X		X	X			X	X	X		X		X		X		X		X		X	X												
RDA- Anlage 1	Abströmklappe geschossweise (Brandgeschoss)		Öffnen						X		X	X			X	X	X		X		X		X		X		X		X	X												
RDA- Anlage 1	Druckregelklappe		Freigeben		X	X	X		X		X	X			X	X	X		X		X		X		X		X		X	X												
Maschinelle Rauchableitung																																										
Maschinelle Rauchableitung 1, Tiefgarage																																										
MRA-Anlage 1, Zone 1 bis 4	Rauchgasventilator		Einschalten																															X		X		X		X		
MRA-Anlage 1, Zone 1 bis 4	Entrauchungsklappen	gemäß der Planung der Zonen	Öffnen																															X		X		X		X		
Zuluftanlage Zone 1 bis 4	Zuluftventilator		Einschalten																															X		X		X		X		
Zuluftanlage Zone 1 bis 4	Entrauchungsklappen	gemäß der Planung der Zonen	Öffnen																															X		X		X		X		
Maschinelle Rauchableitung 2, 3. Untergeschoss Technik																																										
MRA-Anlage 2	alle Senken		Rauchableitung starten						X																																	
Maschinelle Rauchableitung 3, Lager 2. Untergeschoss																																										
MRA-Anlage 2	alle Senken		Rauchableitung starten								X																															
Maschinelle Rauchableitung 4, Verkaufsflächen																																										
MRA-Anlage 3	alle Senken		Rauchableitung starten										X		X																											
Natürliche Rauchableitung																																										
Natürliche Rauchableitung Aufzugsschächte																																										
Öffnungen zur Rauchableitung	Aufzugsschächte		Öffnen				X																									X										
Natürliche Rauchableitung Ladenstraße																																										
Öffnungen zur Rauchableitung	NRA-Anlagen		Öffnen																																							X
Nachströmung	Zuluftöffnungen		Öffnen																																							X
Raumlufttechnische Anlagen																																										
raumlufttechnische Anlage RLT 1 – Tiefgarage																																										
RLT 1 bis RLT 5	Lüftungsanlagen		Abschalten	X	X	X	X	X	X	X	X	X	X	X	X	X	X	X	X	X	X	X	X	X	X	X	X	X	X	X	X	X	X	X	X	X	X	X	X	X	X	X
RLT 1 bis RLT 5	Brandschutzklappen		Schließen	X	X	X	X	X	X	X	X	X	X	X	X	X	X	X	X	X	X	X	X	X	X	X	X	X	X	X	X	X	X	X	X	X	X	X	X	X	X	X
raumlufttechnische Anlage RLT 2 – Verkauf																																										
RLT 2	Lüftungsanlage		Abschalten	X				X	X	X	X	X	X	X	X	X	X	X	X	X	X	X	X	X	X	X	X	X	X	X		X									X	X
RLT 2	Brandschutzklappen		Schließen	X				X	X	X	X	X	X	X	X	X	X	X	X	X	X	X	X	X	X	X	X	X	X	X		X									X	X
raumlufttechnische Anlage RLT 3 – Technik, Lager																																										
RLT 3	Lüftungsanlage		Abschalten	X		X	X	X	X	X	X	X	X	X	X	X	X	X	X	X	X	X	X	X	X	X	X	X	X	X												
RLT 3	Brandschutzklappen		Schließen	X		X	X	X	X	X	X	X	X	X	X	X	X	X	X	X	X	X	X	X	X	X	X	X	X	X												
raumlufttechnische Anlage RLT 4 - Büroräume																																										
RLT 4	Lüftungsanlage		Abschalten			X	X	X	X	X	X	X	X	X	X	X	X	X	X	X	X	X	X	X	X	X	X	X	X	X												
RLT 4	Brandschutzklappen		Schließen			X	X	X	X	X	X	X	X	X	X	X	X	X	X	X	X	X	X	X	X	X	X	X	X	X												
raumlufttechnische Anlage RLT 5 – Konferenzraum																																										
RLT 5	Lüftungsanlage		Abschalten			X	X	X	X	X	X	X	X	X	X	X	X	X	X	X	X	X	X	X	X	X	X	X	X	X												
RLT 5	Brandschutzklappen		Schließen			X	X	X	X	X	X	X	X	X	X	X	X	X	X	X	X	X	X	X	X	X	X	X	X	X												
Sonstige Anlagen																																										
Schrankenanlage Tiefgarage																																										
Schrankenanlage	Schranke Einfahrt		Schließen			X	X		X		X		X		X	X	X		X		X		X		X		X		X	X	X	X		X		X		X		X		X
Schrankenanlage	Schranke Ausfahrt		Öffnen			X	X		X		X		X		X	X	X		X		X		X		X		X		X	X	X	X		X		X		X		X		X

10.2 Das sicherheitstechnische Steuerungskonzept

Die grundlegenden Festlegungen der Anforderungen an die Brandfallsteuerungen beziehungsweise an das Zusammenwirken von sicherheitstechnischen Anlagen im Brandfall erfolgt bereits in der Entwurfsphase der baulichen Anlage. Diese Festlegungen werden im sSK beschrieben. Die im sSK beschriebenen Brandfallsteuerungen werden Bestandteil der genehmigten Bauvorlagen des Gebäudes (z. B. im Brandschutzkonzept als Sicherungskonzept für den Gefahrenfall Brand nach VDI 6010 Blatt 1).

Das sSK als Teil des Brandschutzkonzepts ist Bestandteil der Genehmigungsplanung und stellt die wesentlichen Verknüpfungen zwischen den sicherheitstechnischen und anderen technischen Anlagen und Einrichtungen dar. Es dient zur Abstimmung mit der Behörde und ist die Grundlage für die Ausführungsplanung. In der Ausführungsplanung wird die Brandfallsteuermatrix Planung erstellt. Auf der Brandfallsteuermatrix Planung basiert die Programmierung der sicherheitstechnischen Anlagen und Einrichtungen.

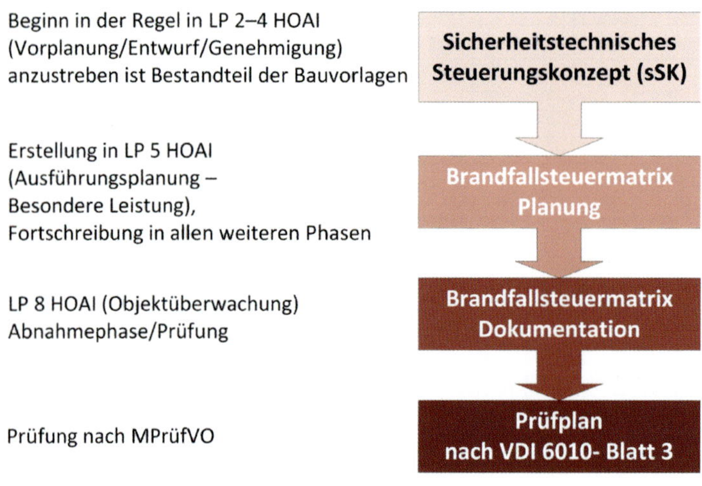

Abbildung 24: Vom sicherheitstechnischen Steuerungskonzept (sSK) zum Prüfplan

10.2.1 Arten eines sicherheitstechnischen Steuerungskonzepts

In einem Brandschutzkonzept mit sSK werden die grundlegenden funktionalen steuerungstechnischen Zusammenhänge meist verbal dargestellt. Für Gebäude mit einer geringen Komplexität und einfachen, zumeist kollektiven Ansteuerungen (siehe Kapitel 10.3.2.1) ist eine ausschließlich verbale Darstellung ausreichend.

Für Gebäude mit einer hohen Komplexität und einer Vielzahl von brandortabhängigen, selektiven Ansteuerungen (siehe Kapitel 10.3.2.2) hat es sich bewährt, die Verbalbeschreibung mit Zeichnungen und Tabellen zu ergänzen.

Für komplexe Gebäude haben sich Planungsinstrumente bewährt, die zu einem Planungsdokument zusammengefasst werden. Ein sicherheitstechnisches Steuerungskonzept oder eine Brandfallsteuermatrix kann sich aus folgenden Dokumenten zusammensetzen

- Verbalbeschreibung
- Pläne der Wirkbereiche der Anlagen
- Pläne der Auslösebereiche
- Tabelle der Brandfallsteuerungen
- sonstige erläuternde Zeichnungen und Schemata

10.2.1.1 Verbalbeschreibung

In der Verbalbeschreibung des sSK erfolgen eine Zusammenfassung der vorbeschriebenen Arbeitsschritte und eine Beschreibung der Anforderungen an die Ansteuerungen.

10.2.1.2 Pläne der Wirkbereiche von Systemen, die als Senken wirken

In der Praxis hat es sich bewährt, in Grundrissen die Wirkbereiche der anzusteuernden Anlagen darzustellen. Visuell unterstützen diese Pläne die Verbalbeschreibungen und die Tabelle der Brandfallsteuerungen (siehe Abbildungen 25a und 25b).

Die Wirkbereichspläne sind die Grundlage für die grafische Ermittlung der Auslösebereiche. Vor allem sind Pläne der Wirkbereiche der Anlagen, die selektiv angesteuert werden, zu erstellen, da diese als kleinste Schnittmenge die kleinsten Auslösebereiche definieren. Dies sind beispielsweise die Löschbereiche von automatischen Feuerlöschanlagen oder Bereiche, die maschinell entraucht werden.

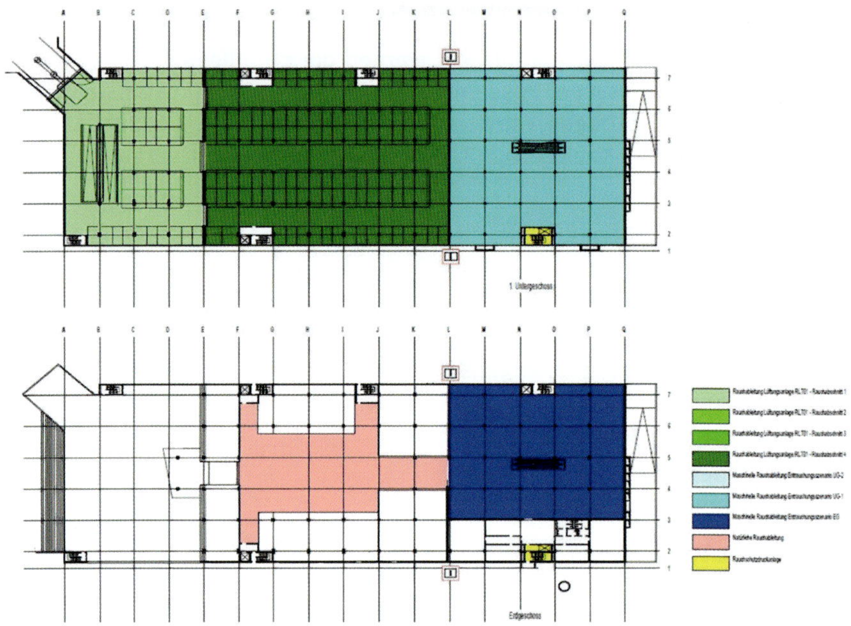

Abbildung 25a: Wirkbereiche der Rauchableitung und Rauchfreihaltung im 1. Untergeschoss und Erdgeschoss

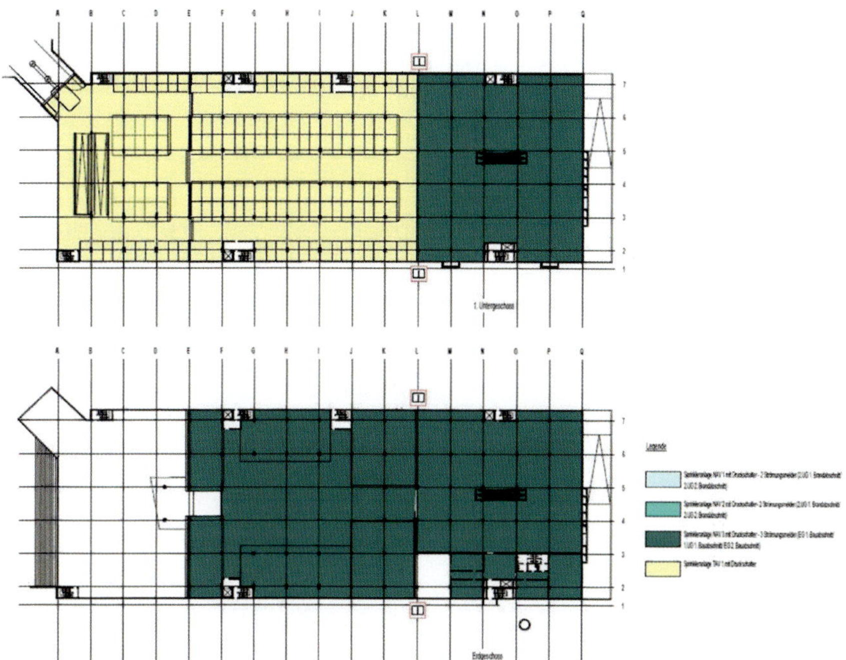

Abbildung 25b: Wirkbereiche der automatischen Feuerlöschanlagen im 1. Untergeschoss und Erdgeschoss

10.2.1.3 Pläne der Auslösebereiche

Resultierend aus der Analyse der Wirkbereiche werden die Pläne mit der Darstellung der Auslösebereiche erstellt (siehe Abbildung 26).

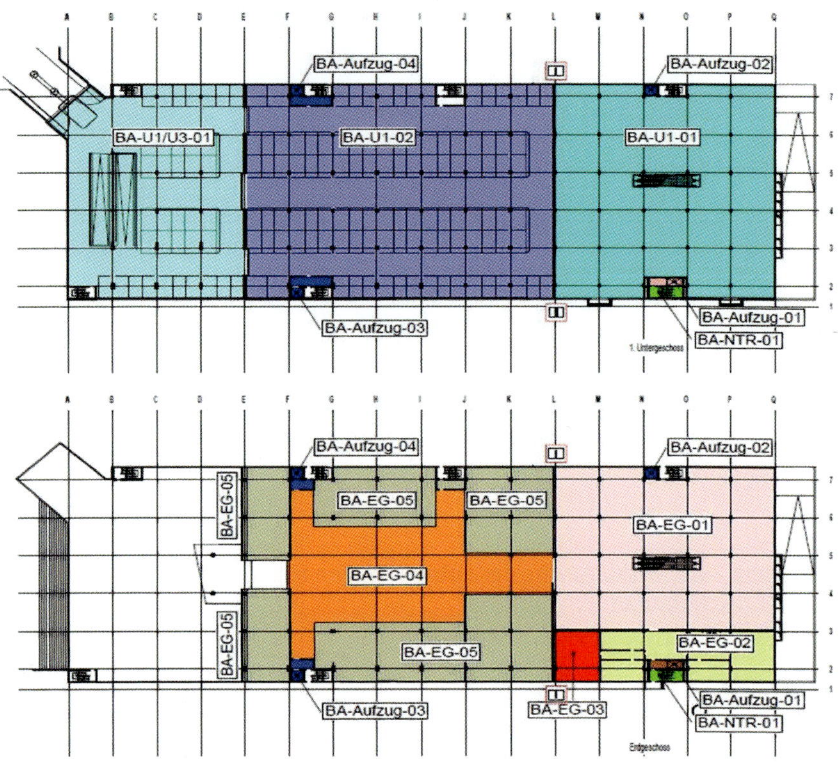

Abbildung 26: Auslösebereiche im 1. Untergeschoss und Erdgeschoss

10.2.2 Anlagenübersicht und mögliche Beziehungen

Im Ergebnis des sSK entsteht eine Übersicht von Anlagen, die für den Gefahrenfall Brand erforderlich sind.

Nachdem im Planungsprozess durch den Betreiber und die Fachplaner die Ausstattung des Gebäudes mit sicherheitstechnischen und anderen technischen Anlagen festgelegt wurde, sind diese hinsichtlich ihrer Wirkweise in der bestimmungsgemäßen Nutzung und der Wirkweise im Gefahrenfall zu analysieren. Mit dieser Analyse kann die in der Risikobeurteilung ermittelte Priorisierung der Gefahrenfälle in Abhängigkeit von der Nutzung erfolgen. In Tabelle 2 sind Anlagen beziehungsweise Systeme dargestellt, die im Gebäude angeordnet sind. Jeder Anlage sind die Funktionen für den Gebäudebetrieb und die Gefahrenfälle zugeordnet.

Tabelle 2: Mögliche Beziehungen von Anlagengruppen durch Ansteuerungen

System	Bestimmungsgemäßer Gebäudebetrieb	Gefahrenfall Brand	Gefahrenfall Einbruch
Brandmelde-anlage	Überwachung	Branddetektion, Informationsverarbeitung, Steuerung	keine Ansteuerung
Einbruchmelde-anlage	Überwachung des Sicherungsbereichs	Freischaltung des Sicherungsbereichs	Alarmierung der hilfeleistenden Stelle
Sprachalarm-anlage	Beschallung	Durchsagen zur Alarmierung/ Räumung	Durchsage zur Alarmierung/ Räumung
Feuerwehr-peripherie	keine Funktion	Signalisierung Hauptzugang für Feuerwehr, Freigabe Objektschlüssel, Anzeige Informationen	keine Ansteuerung
Raumlufttechnische Anlagen	Belüftung/ Klimatisierung	Abschaltung	keine Ansteuerung
Maschinelle Rauchableitung	keine Funktion	Einschalten Rauchableitung	keine Ansteuerung
Natürliche Rauchableitung	keine Funktion	Öffnen der Öffnungen für Rauchabzug und Zuluft	keine Ansteuerung

System	Bestimmungsgemäßer Gebäudebetrieb	Gefahrenfall Brand	Gefahrenfall Einbruch
Druckbelüftungsanlage	keine Funktion	Einschalten Rauchfreihaltung	keine Ansteuerung
Vorgesteuerte Sprinkleranlage	keine Funktion	Branddetektion Brandeindämmung	keine Ansteuerung
Gaslöschanlage	keine Funktion	Brandeindämmung	keine Ansteuerung
Aufzugsanlagen	Vertikale Erschließung	Brandfallsteuerung	keine Ansteuerung
Schrankenanlage	Verkehrsregelung, Zutrittskontrolle	Freigabe der Ausfahrt, Schließen der Zufahrt	Schließen der Schrankenanlage

Im Beispielgebäude ist die Priorität des Gefahrenfalls abhängig von der Nutzung und der Betriebszeit.

Während der Öffnungszeit der Verkaufsstätte besitzt der Gefahrenfall „Brand“ die höchste Priorität. Die Einbruchmeldeanlage ist nicht scharf geschaltet.

Die Verkaufsstätte wird durch die Einbruchmeldeanlage gesichert. Nach Scharfschaltung der Einbruchmeldeanlage sind keine Personen in der Verkaufsstätte anwesend. Für die Verkaufsstätte hat nun der Sachschutz die höchste Priorität. Brandfallsteuerungen, bei denen eine Ansteuerung der Senken eine Öffnung des Sicherungsbereichs zur Folge hat, werden unterdrückt. Dies betrifft beispielsweise die Ansteuerung von Fassadenöffnungen zur Ableitung von Rauch und die Nachströmung von Zuluft für die Rauchableitung. Diese Brandfallsteuerungen können erst ausgelöst werden, wenn die Einbruchmeldeanlage nicht scharf geschaltet ist.

Die außerhalb der Verkaufsstätte angeordneten Nutzungen, wie Tiefgarage und Bürogeschosse, befinden sich außerhalb des Sicherungsbereichs der Einbruchmeldeanlage. Für nicht durch die Einbruchmeldeanlage gesicherte Bereiche besitzt der Gefahrenfall Brand weiter die höchste Priorität.

Die Zusammenstellung der Anlagengruppen gemäß Tabelle 2 mit den möglichen Beziehungen durch Ansteuerungen muss in den weiteren Schritten strukturiert und gegliedert werden.

10.2.3 Quellen und Senken

Für eine erste Gliederung ist zu entscheiden beziehungsweise festzustellen, welche Anlagen im Gesamtsystem als Quellen beziehungsweise als Senken wirken. An dieser Stelle sei darauf hingewiesen, dass Anlagen in Gebäuden angeordnet sein können, die sowohl als Quellen, als auch als Senken wirken können (beispielsweise automatische Wasserlöschanlagen).

Für das Beispiel des Anhangs B ergibt sich nach der Analyse der Anlagen die in Tabelle 3 dargestellte Gliederung.

Tabelle 3: Gliederung von Quellen und Senken

Quellen	**Senken**
BMA	Anlagen zur maschinellen Rauchableitung
Sprinkleranlage	Anlagen zur natürlichen Rauchableitung
Schalter zur manuellen Bedienung von Anlagen	Anlagen zur Rauchfreihaltung
Autarke Melder von sicherheitstechnischen Anlagen und Einrichtungen	RLT-Anlagen
Einbruchmeldeanlage	Alarmierungsanlagen
	Vorgesteuerte automatische Sprinkleranlage
	Gaslöschanlage
	Schrankenanlage

10.2.4 Senkengruppen

Anlagen die als Senken wirken, können in einer tabellarischen Darstellung des sicherheitstechnischen Steuerungskonzepts untereinander (jeweils in einer Zeile) angeordnet werden. In der Praxis hat es sich bewährt, die Anlagengruppe als Überschrift zu gliedern. Die Anlagengruppe wird im weiteren Erstellungsprozess des sicherheitstechnischen Steuerungskonzepts oder der Brandfallsteuermatrix weiter detailliert. Es werden idealerweise die Einzelanlagen mit der Betriebsmittelkennzeichnung aus der Fachplanung als Untergliederung aufgeführt. Die letzte Untergliederung der Senken erfolgt durch die Auflistung der Einzelsenken, wie Ventilatoren, Brandschutzklappen, Entrauchungsklappen oder Jalousieklappen. Dabei wird im sicherheitstechnischen Steuerungskonzept nicht jede Senke separat aufgeführt, sondern, um deren Funktion beschreiben zu können, zu sinnvollen Gruppen zusammengefasst.

Den Gruppen von Senken ist die Aktion zuzuordnen, die im Brandfall ausgeführt werden soll.

Ein Beispiel für die Gruppierung von Anlagen zur Rauchableitung und RLT-Anlagen ist in Abbildung 27 dargestellt.

System	Bestimmungsgemäßer Gebäudebetrieb	Gefahrenfall Brand	Gefahrenfall Einbruch
Brandmeldeanlage	Überwachung	Branddetektion, Informationsverarbeitung, Steuerung	keine Ansteuerung
Einbruchmeldeanlage	Überwachung des Sicherungsbereiches	Freischaltung des Sicherungsbereiches	Alarmierung der hilfeleistenden Stelle
Sprachalarmanlage	Beschallung	Durchsagen zur Alarmierung / Räumung	Durchsage zur Alarmierung /Räumung
Feuerwehrperipherie	keine Funktion	Signalisierung Hauptzugang für Feuerwehr, Freigabe Objektschlüssel, Anzeige Informationen	keine Ansteuerung
Raumlufttechnische Anlagen	Belüftung / Klimatisierung	Abschaltung	keine Ansteuerung
Maschinelle Rauchableitung	keine Funktion	Einschalten Rauchableitung	keine Ansteuerung
Natürliche Rauchableitung	keine Funktion	Öffnen der Öffnungen für Rauchabzug und Zuluft	keine Ansteuerung
Druckbelüftungsanlage	keine Funktion	Einschalten Rauchfreihaltung	keine Ansteuerung
Vorgesteuerte Sprinkleranlage	keine Funktion	Branddetektion Brandeindämmung,	keine Ansteuerung
Gaslöschanlage	keine Funktion	Brandeindämmung	keine Ansteuerung
Aufzugsanlagen	Vertikale Erschließung	Brandfallsteuerung	keine Ansteuerung
Schrankenanlage	Verkehrsregelung, Zutrittskontrolle	Freigabe der Ausfahrt, Schließen der Zufahrt	Schließen der Schrankenanlage

Abbildung 27: Beispiel zur Gruppierung von Anlagen zur Rauchableitung und RLT-Anlagen

Entsprechend dieser Systematik werden alle relevanten Anlagengruppen in der ersten Spalte der Tabelle der Brandfallsteuerungen dargestellt. Es ist vorteilhaft, wenn die Anlagengruppen entsprechend den Gewerken, beispielsweise Lüftungs-/Entrauchungsanlagen, elektrische Anlagen usw., sortiert werden, damit mit geringem Aufwand Teil-Matrizen für die einzelnen Gewerke aus der Gesamtmatrix generiert werden können.

Brandabschnitt 1																			Brandabschnitt 2						
	geschoss-übergreifende Meldebereiche			3. UG	2. UG	1. UG	EG				1. OG	2. OG	3. OG	4. OG	5. OG	6. OG			geschoss-übergreifende Meldebereiche			3. UG	2. UG	1. UG	EG
Melder in Leitungen der raumlufttechnischen Anlagen	Sicherheitstreppenraum	Treppenräume	Aufzugsschächte/-anlagen	Auslösebereich BA1-01	Auslösebereich BA1-02	Auslösebereich BA1-03 (UG 1)	Auslösebereiche BA1-03; BA1-04, BA1-05	Auslösebereich BA1-03 (EG)	Auslösebereich BA1-04	Auslösebereich BA1-05	Auslösebereich BA1-06	Auslösebereich BA1-07	Auslösebereich BA1-08	Auslösebereich BA1-09	Auslösebereich BA1-10	Auslösebereich BA1-11, Auslösebereich BA1-12	Auslösebereich BA1-11	Auslösebereich BA1-12	Treppenräume	Aufzugsschächte/-anlagen	Auslösebereich BA2-01 - UG3 bis UG1	Auslösebereich BA2-02	Auslösebereich BA2-03	Auslösebereich BA2-04	Auslösebereich BA2-05

Abbildung 28: Beispiel für eine Anordnung von Auslösebereichen in der Tabelle der Brandfallsteuerungen

10.2.5 Auslösebereiche

Nach Abschluss der Gliederung der Senken in der Tabelle der Brandfallsteuerungen sind die Auslösebereiche innerhalb der baulichen Anlage zu erarbeiten. Die Auslösebereiche werden in der Kopfzeile der Tabelle der Brandfallsteuerungen nebeneinander dargestellt und bilden Spalten (siehe Abbildung 28).

Für die erste grobe Gliederung der Auslösebereiche hat es sich in der Praxis bewährt, eine Gliederung entsprechend der Gebäudestruktur zu erarbeiten. Eine Gliederung kann sich an folgenden Kategorien orientieren:

- Brandabschnitte
- Rauchabschnitte
- Geschosse
- Nutzungseinheiten
- Funktionsbereiche

Dabei sind innerhalb der in der Planung gebildeten Abschnitte eines Gebäudes (beispielsweise Brandabschnitte) Auslösebereiche zu differenzieren, die horizontal und vertikal im Gebäude angeordnet sind. Die vertikalen Auslösebereiche durchstoßen die Geschossdecke und sind nicht ausschließlich in einem Geschoss zu verorten. Vertikale Auslösebereiche sind beispielsweise überwachte Installationsschächte, notwendige Treppenräume und Fahrschächte von Aufzugsanlagen. Horizontale Auslösebereiche gliedern den Brandabschnitt innerhalb einer Geschossebene.

Innerhalb dieser ersten Gliederung der Auslösebereiche auf der Grundlage der baulichen Struktur des betrachteten Gebäudes muss nun eine weitere Differenzierung erfolgen. Um die Auslösebereiche des sicherheitstechnischen

Steuerungskonzepts weiter zu differenzieren müssen Entscheidungen über die Ansteuerungsphilosophie im Brandfall erfolgen.

Die Ansteuerungsphilosophie wird mit der Beantwortung der Fragestellungen nach der Art der Ansteuerung und der Ansteuerung von Senkengruppen in Abhängigkeit vom Brandentstehungsort grundlegend festgelegt. Die Beantwortung dieser zwei Fragestellungen zur Ansteuerungsphilosophie wird nachfolgend erläutert.

10.2.6 Arten der Ansteuerung

Eine wesentliche Entscheidung im Rahmen der Erstellung eines sicherheitstechnischen Steuerungskonzepts ist es, eine Differenzierung in automatische, manuelle und autarke Ansteuerungen vorzunehmen.

Eine Unterteilung der Art der Ansteuerung ist in Abbildung 29 dargestellt.

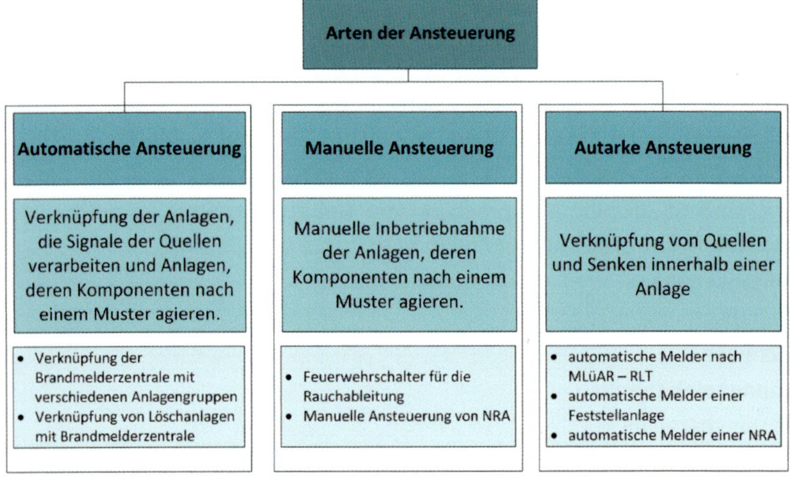

Abbildung 29: Arten der Ansteuerung

10.2.6.1 Automatische Ansteuerung

Automatische Ansteuerungen von Anlagen und Einrichtungen erfolgen durch eine Brandmeldeanlage (siehe Abbildung 30).

Bei den automatischen Ansteuerungen durch die Brandmeldeanlage ist zu berücksichtigen, dass die Quellen der Brandmeldeanlage sowohl automatische Melder als auch Handfeuermelder sein können. Die geplanten Auslösemuster können dabei zwischen automatischen Meldern und Handfeuermeldern diffe-

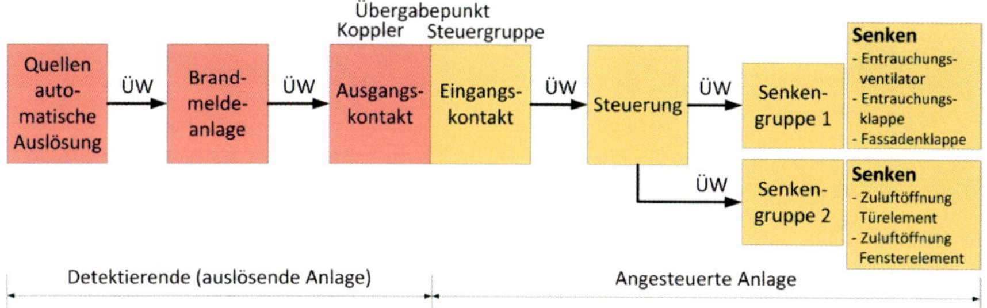

Abbildung 30: Signalübertragung von der Quelle zur Senke bei einer automatischen Ansteuerung (ÜW – Übertragungsweg)

rieren, obwohl beide Melderarten örtlich im gleichen Auslösebereich angeordnet sind. Eine Differenzierung der Auslösemuster für diese Melderarten beruht auf der Tatsache, dass automatische Melder sicher den Brandentstehungsort melden können, da sie auf eine physikalische oder chemische Kenngröße reagieren, die bei einem Brandereignis entsteht. Bei den Handfeuermeldern muss der Faktor Mensch berücksichtigt werden. Es kann nicht ausgeschlossen werden, dass der Handfeuermelder, der ausgelöst wird, außerhalb des Brandentstehungsorts angeordnet ist. Es besteht die Gefahr, dass in diesem Fall Brandfallsteuerungen ausgelöst werden, die entgegen den Schutzzielen wirken.

Weiterhin sind automatische Melder der Brandmeldeanlage als Auslösebereiche zu berücksichtigen, die innerhalb von Anlagen oder Einrichtungen angeordnet sind. Dies sind beispielsweise automatische Melder einer Brandmeldeanlage Kategorie 4 nach DIN 14675-1 (Einrichtungsschutz) oder automatische Melder in den Zu- und Abluftleitungen von RLT-Anlagen nach DIN VDE 0833-2. Auch für diese automatischen Melder muss festgelegt werden, welches Auslösemuster auf eine Branderkennung folgen soll. Erfahrungsgemäß sind die Auslösemuster dieser Melder nicht so komplex wie das Auslösemuster der automatischen Melder, die in den Räumen der Auslösebereiche angeordnet sind.

10.2.6.2 Manuelle Ansteuerung

Manuelle Ansteuerungen betreffen Anlagen und Einrichtungen, die durch manuelle Auslösevorrichtungen angesteuert werden, aber auch durch die Brandmeldeanlage angesteuert werden können. Häufig wird durch manuelle Auslösung die automatische Steuerung der Brandmeldeanlage übersteuert (z. B. Vorrang der manuellen Bedienung über ein Feuerwehrbedientableau einer Rauchabzugsanlage gegenüber der automatischen Funktion einer Brandmeldeanlage), siehe Abbildung 31.

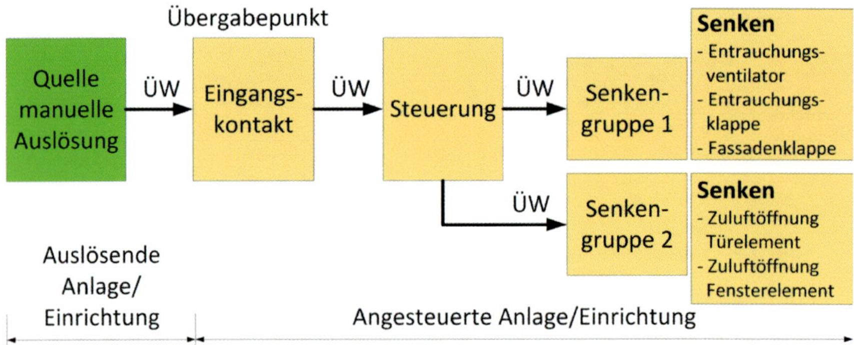

Abbildung 31: Signalübertragung von der Quelle zur Senke bei einer manuellen Ansteuerung

Zusätzlich zu Handfeuermeldern der Brandmeldeanlage können auch andere manuelle Auslösevorrichtungen für technische Anlagen existieren. Diese manuellen Auslösevorrichtungen wirken direkt bezogen auf Anlagen und Einrichtungen. Es ist zu beachten, dass die durch manuelle Auslösevorrichtungen angesteuerten Anlagen und Einrichtungen auch Wechselwirkungen zu Brandfallsteuerungen einer Brandmeldeanlage haben können. Dies können beispielsweise manuelle Schalter für die Einsatzkräfte der Feuerwehr sein, die amErstanlaufpunkt der Feuerwehr am Entrauchungstableau zur manuellen Bedienung angeordnet sind.

Bei der manuellen Ansteuerung erfolgt die Inbetriebnahme des Auslösemusters der Senken durch eine direkte Ansteuerung des Systems der Senken ohne Schnittstelle zwischen zwei Systemen.

10.2.6.3 Autarke Ansteuerung

Systeme mit autarker Ansteuerung realisieren alle geforderten automatischen Steuerungsfunktionen im Brandfall innerhalb ihres Systems.

Für autarke Systeme, die sowohl Quellen als auch Senken besitzen, ist zu entscheiden, ob die im Brandfall erforderliche Aktion ausschließlich über die Detektion der autarken Quelle erfolgen soll. Eine Verknüpfung des Systems mit anderen Systemen im Gebäude ist dann nicht notwendig. In diesem Fall werden Anlagen mit autarker Ansteuerung in einer Brandfallsteuermatrix nicht erfasst.

Gleichwohl können autarke Systeme auch mit anderen Systemen verknüpft werden. Sollten diese Systeme zusätzlich durch eine Brandmeldeanlage angesteuert werden, erfolgt eine Berücksichtigung als Senke in der Brandfallsteuermatrix.

Tabelle B2. Beispielgebäude Gesamtsteuerungskonzept

Lage in der baulichen Anlage (Brandabschnitt)				Brandabschnitt 1																											
Lage in der baulichen Anlage (Geschossebene)				geschoss-übergreifende Meldebereiche					3. UG		2. UG		1. UG		EG				1. OG		2. OG		3. OG		4. OG		5. OG		6. OG		
Funktion/Quelle/ Sensoren				Melder in Leitungen der raumlufttechnischen Anlagen	Treppenraum Achse N-O / 2	Treppenraum Achse N-O / 7	Aufzugsschacht/-anlage Achse N-O / 2	Aufzugsschacht/-anlage Achse N-O / 7	Auslösebereich BA1-01		Auslösebereich BA1-02		Auslösebereich BA1-03 (UG1)		Auslösebereiche BA1-03; BA1-04, BA1-05	Auslösebereich BA1-03 (EG)	Auslösebereich BA1-04	Auslösebereich BA1-05	Auslösebereich BA1-06		Auslösebereich BA1-07		Auslösebereich BA1-08		Auslösebereich BA1-09		Auslösebereich BA1-10		Auslösebereich BA1-11, Auslösebereich BA1-12	Auslösebereich BA1-11	Auslösebereich BA1-12
Anlagen/ Senke/Aktoren				Automatische Melder	Automatische Melder	Automatische Melder	Automatische Melder	Automatische Melder	Nicht automatische Melder	Automatische Melder	Nicht automatische Melder	Automatische Melder	Automatische Melder	Nicht automatische Melder	Nicht automatische Melder	Automatische Melder	Automatische Melder	Automatische Melder	Nicht automatische Melder	Automatische Melder	Nicht automatische Melder	Automatische Melder	Nicht automatische Melder	Automatische Melder	Nicht automatische Melder	Automatische Melder	Nicht automatische Melder	Automatische Melder	Nicht automatische Melder	Automatische Melder	Automatische Melder
Anlage	Komponente	Bemerkung	Aktion																												
Verknüpfung der Brandmelderzentralen																															
Brandmelderzentrale	BMZ		Verarbeiten und Darstellen von Informationen	X	X	X	X	X	X	X	X	X	X	X	X	X	X	X	X	X	X	X	X	X	X	X	X	X	X	X	X
Aufschaltung zu hilfeleistender Stelle																															
Übertragungseinrichtung	ÜE		Alarmierung Leitstelle (Feueralarm)		X	X	X	X	X	X	X	X	X	X	X	X	X	X	X	X	X	X	X	X	X	X	X	X	X	X	X
Feuerwehrperipherie																															
BMA	Komponenten der Feuerwehrperipherie	gemäß Anlagenplanung	Ansteuern	X	X	X	X	X	X	X	X	X	X	X	X	X	X	X	X	X	X	X	X	X	X	X	X	X	X	X	X
Alarmierungsanlagen																															
Akustische Alarmierung																															
BMA	akustische Signalgeber	Signalgeber gemäß Anlagenplanung	Einschalten	X	X	X	X	X	X	X	X	X	X	X	X	X	X	X	X	X	X	X	X	X	X	X	X	X	X	X	X
Sprachalarmierungsanlage (SAA)																															
Sprachalarmierungsanlage	Lautsprecher	Lautsprecherringe gemäß Anlagenplanung	Einschalten Bandansage	X	X	X	X	X	X	X	X	X	X	X	X	X	X	X	X	X	X	X	X	X	X	X	X	X	X	X	X
Optische Alarmierung																															
Brandmeldeanlage	optische Signalgeber	Technikzentralen	Einschalten	X	X	X	X	X	X	X	X	X	X	X	X	X	X	X	X	X	X	X	X	X	X	X	X	X	X	X	X
Selbsttätige Feuerlöschanlagen																															
Vorgesteuerte Sprinkleranlage Typ A																															
Vorgesteuerte Sprinkleranlage Typ A	vTAV, Löschbereich 1 (LB1)		Fluten der Ventilstation																												
Vorgesteuerte Sprinkleranlage Typ A	vTAV, Löschbereich 2 (LB2)		Fluten der Ventilstation										X			X	X														
Vorgesteuerte Sprinkleranlage Typ A	vTAV, Löschbereich 3 (LB3)		Fluten der Ventilstation																												
Vorgesteuerte Sprinkleranlage Typ A	vTAV, Löschbereich 4 (LB4)		Fluten der Ventilstation									X																			
Vorgesteuerte Sprinkleranlage Typ A	vTAV, Löschbereich 5 (LB5)		Fluten der Ventilstation							X																					
Gaslöschanlage																															
Gaslöschanlage	ARGON-Löschanlage		Raum fluten															X													

Lage in der baulichen Anlage (Brandabschnitt)		Brandabschnitt 2																
Lage in der baulichen Anlage (Geschossebene)		geschoss-übergreifende Meldebereiche									3. UG		2. UG		1. UG		EG	
Funktion/Quelle/ Sensoren		Treppenraum Achse A / 1	Treppenraum Achse B / 7	Treppenraum Achse F-G / 1	Treppenraum Achse F-G / 7	Treppenraum Achse I-J / 7	Aufzugsschacht/-anlage Achse F / 2	Aufzugsschacht/-anlage Achse F / 7	Auslösebereich BA2-01 - UG3 bis UG1		Auslösebereich BA2-02		Auslösebereich BA2-03		Auslösebereich BA2-04		Auslösebereich BA2-05	
Anlagen/ Senke/Aktoren		Automatische Melder	Automatische Melder	Automatische Melder	Automatische Melder	Automatische Melder	Automatische Melder	Automatische Melder	Nicht automatische Melder	Automatische Melder	Nicht automatische Melder	Automatische Melder	Nicht automatische Melder	Automatische Melder	Nicht automatische Melder	Automatische Melder	Nicht automatische Melder	Automatische Melder
Anlage	Komponente																	
Verknüpfung der Brandmelderzentralen																		
Brandmelderzentrale	BMZ	X	X	X	X	X	X	X	X	X	X	X	X	X	X	X	X	X
Aufschaltung zu hilfeleistender Stelle																		
Übertragungseinrichtung	ÜE	X	X	X	X	X	X	X	X	X	X	X	X	X	X	X	X	X
Feuerwehrperipherie																		
BMA	Komponenten der Feuerwehrperipherie	X	X	X	X	X	X	X	X	X	X	X	X	X	X	X	X	X
Alarmierungsanlagen																		
Akustische Alarmierung																		
BMA	akustische Signalgeber	X	X	X	X	X	X	X	X	X	X	X	X	X	X	X	X	X
Sprachalarmierungsanlage (SAA)																		
Sprachalarmierungsanlage	Lautsprecher	X	X	X	X	X	X	X	X	X	X	X	X	X	X	X	X	X
Optische Alarmierung																		
Brandmeldeanlage	optische Signalgeber	X	X	X	X	X	X	X	X	X	X	X	X	X	X	X	X	X
Selbsttätige Feuerlöschanlagen																		
Vorgesteuerte Sprinkleranlage Typ A																		
Vorgesteuerte Sprinkleranlage Typ A	vTAV, Löschbereich 1 (LB1)									X		X		X		X		
Vorgesteuerte Sprinkleranlage Typ A	vTAV, Löschbereich 2 (LB2)																	
Vorgesteuerte Sprinkleranlage Typ A	vTAV, Löschbereich 3 (LB3)																	X
Vorgesteuerte Sprinkleranlage Typ A	vTAV, Löschbereich 4 (LB4)																	
Vorgesteuerte Sprinkleranlage Typ A	vTAV, Löschbereich 5 (LB5)																	
Gaslöschanlage																		
Gaslöschanlage	ARGON-Löschanlage																	

Tabelle B2. Beispielgebäude Gesamtsteuerungskonzept (Fortsetzung)

Selbsttätige Feuerlöschanlagen																																																	
Vorgesteuerte Sprinkleranlage Typ A																																																	
Vorgesteuerte Sprinkleranlage Typ A	vTAV, Löschbereich 1 (LB1)		Fluten der Ventilstation																																					X		X		X		X		
Vorgesteuerte Sprinkleranlage Typ A	vTAV, Löschbereich 2 (LB2)		Fluten der Ventilstation										X			X	X																																
Vorgesteuerte Sprinkleranlage Typ A	vTAV, Löschbereich 3 (LB3)		Fluten der Ventilstation																																													X
Vorgesteuerte Sprinkleranlage Typ A	vTAV, Löschbereich 4 (LB4)		Fluten der Ventilstation									X																																					
Vorgesteuerte Sprinkleranlage Typ A	vTAV, Löschbereich 5 (LB5)		Fluten der Ventilstation							X																																							
Gaslöschanlage																																																	
Gaslöschanlage	ARGON-Löschanlage		Raum fluten															X																																
Aufzugsanlagen																																																	
Aufzugsanlage Achse N-O / 2	statische Brandfallsteuerung		Anfahren primäre Brandfallhaltestelle EG, Außerbetriebsetzung, Türen öffnen		X	X	X	X	X	X	X	X	X	X	X	X	X	X	X	X	X	X	X	X	X	X	X	X	X	X	X																			
Aufzugsanlage Achse N-O / 2	Gegensprechanlage FW-Aufzug		Einschalten		X	X	X	X	X	X	X	X	X	X	X	X	X	X	X	X	X	X	X	X	X	X	X	X	X	X	X																			
Aufzugsanlage Achse N-O / 7	erweiterte statische Brandfallsteuerung		Anfahren primäre Brandfallhaltestelle EG, Außerbetriebsetzung, Türen öffnen		X	X	X	X		X		X	X							X		X		X		X		X		X	X																			
Aufzugsanlage Achse N-O / 7	erweiterte statische Brandfallsteuerung		Anfahren sekundäre Brandfallhaltestelle UG1, Außerbetriebsetzung, Türen öffnen													X	X	X																															
Aufzugsanlage Achse Achse F / 2	erweiterte statische Brandfallsteuerung		Anfahren primäre Brandfallhaltestelle EG, Außerbetriebsetzung, Türen öffnen																														X	X	X	X	X	X	X		X		X		X		X		
Aufzugsanlage Achse Achse F / 2	erweiterte statische Brandfallsteuerung		Anfahren sekundäre Brandfallhaltestelle UG1, Außerbetriebsetzung, Türen öffnen																																													X
Aufzugsanlage Achse Achse F / 7	erweiterte statische Brandfallsteuerung		Anfahren primäre Brandfallhaltestelle EG, Außerbetriebsetzung, Türen öffnen																														X	X	X	X	X	X	X		X		X		X		X		
Aufzugsanlage Achse Achse F / 7	erweiterte statische Brandfallsteuerung		Anfahren sekundäre Brandfallhaltestelle UG1, Außerbetriebsetzung, Türen öffnen																																													X
Anlagen zur Rauchfreihaltung																																																	
Rauchschutzdruckanlage RDA 1 -Treppenraum N-O/1-2, Feuerwehraufzug																																																	
RDA- Anlage 1	Zuluftventilator		Einschalten		X	X	X	X		X		X	X			X	X	X		X		X		X		X		X		X	X																			
RDA- Anlage 1	Abströmklappe geschossweise (Brandgeschoss)		Öffnen							X		X	X			X	X	X		X		X		X		X		X		X	X																			
RDA- Anlage 1	Druckregelklappe		Freigeben		X	X	X	X		X		X	X			X	X	X		X		X		X		X		X		X	X																			
Maschinelle Rauchableitung																																																	
Maschinelle Rauchableitung 1, Tiefgarage																																																	
MRA-Anlage 1, Zone 1 bis 4	Rauchgasventilator		Einschalten																																					X		X		X		X		
MRA-Anlage 1,Zone 1 bis 4	Entrauchungsklappen	gemäß der Planung der Zonen	Öffnen																																					X		X		X		X		
Zuluftanlage Zone 1 bis 4	Zuluftventilator		Einschalten																																					X		X		X		X		
Zuluftanlage Zone 1 bis 4	Entrauchungsklappen	gemäß der Planung der Zonen	Öffnen																																					X		X		X		X		
Maschinelle Rauchableitung 2, 3. UG Technik																																																	
MRA-Anlage 2	Rauchgasventilator		Einschalten							X																																							
MRA-Anlage 2	Entrauchungsklappe		Öffnen							X																																							
Zuluftanlage	Zuluftventilator		Einschalten							X																																							
Zuluftanlage	Entrauchungsklappe		Öffnen							X																																							
Maschinelle Rauchableitung 3, Lager 2. UG																																																	
MRA-Anlage 2	Rauchgasventilator		Einschalten									X																																					
MRA-Anlage 2	Entrauchungsklappe		Öffnen									X																																					
Zuluftanlage	Zuluftventilator		Einschalten									X																																					
Zuluftanlage	Entrauchungsklappe		Öffnen									X																																					
Maschinelle Rauchableitung 4, Verkaufsflächen																																																	
MRA-Anlage 3	Rauchgasventilator		Einschalten											X		X																																			
MRA-Anlage 3	Entrauchungsklappe		Öffnen											X		X																																			
Zuluftanlage	Zuluftventilator		Einschalten											X		X																																			
Zuluftanlage	Entrauchungsklappe		Öffnen											X		X																																			
Natürliche Rauchableitung																																																	
Natürliche Rauchableitung Aufzugsschächte																																																	
Öffnungen zur Rauchableitung	Aufzugsschacht Achse N-O / 7		Öffnen						X																																									
Öffnungen zur Rauchableitung	Aufzugsschacht Achse F / 2		Öffnen																																	X											
Öffnungen zur Rauchableitung	Aufzugsschacht Achse F / 7		Öffnen																																		X										
Natürliche Rauchableitung Ladenstraße																																																	
Öffnungen zur Rauchableitung	NRA-Anlagen	gemäß Anlagenplanung	Öffnen																																													X
Nachströmung	Zuluftöffnungen		Öffnen																																													X

Tabelle B2. Beispielgebäude Gesamtsteuerungskonzept (Fortsetzung)

Lage in der baulichen Anlage (Brandabschnitt)				Brandabschnitt 1																												Brandabschnitt 2																
Lage in der baulichen Anlage (Geschossebene)					geschossübergreifende Meldebereiche				3. UG		2. UG		1. UG		EG				1. OG		2. OG		3. OG		4. OG		5. OG		6. OG				geschossübergreifende Meldebereiche									3. UG		2. UG		1. UG		EG	
Funktion/Quelle/Sensoren — Anlagen/Senke/Aktoren				Melder in Leitungen der raumlufttechnischen Anlagen	Treppenraum Achse N-O / 2	Treppenraum Achse N-O / 7	Aufzugsschacht/-anlage Achse N-O / 2	Aufzugsschacht/-anlage Achse N-O / 7	Auslösebereich BA1-01		Auslösebereich BA1-02		Auslösebereich BA1-03 (UG1)		Auslösebereiche BA1-03; BA1-04, BA1-05	Auslösebereich BA1-03 (EG)	Auslösebereich BA1-04	Auslösebereich BA1-05	Auslösebereich BA1-06		Auslösebereich BA1-07		Auslösebereich BA1-08		Auslösebereich BA1-09		Auslösebereich BA1-10		Auslösebereich BA1-11, Auslösebereich BA1-12	Auslösebereich BA1-11	Auslösebereich BA1-12		Treppenraum Achse A / 1	Treppenraum Achse B / 7	Treppenraum Achse F-G / 1	Treppenraum Achse F-G / 7	Treppenraum Achse I-J / 7	Aufzugsschacht/-anlage Achse F / 2	Aufzugsschacht/-anlage Achse F / 7	Auslösebereich BA2-01 - UG3 bis UG1		Auslösebereich BA2-02		Auslösebereich BA2-03		Auslösebereich BA2-04		Auslösebereich BA2-05	
				Automatische Melder	Automatische Melder	Automatische Melder	Automatische Melder	Automatische Melder	Nicht automatische Melder	Automatische Melder	Nicht automatische Melder	Automatische Melder	Automatische Melder	Nicht automatische Melder	Nicht automatische Melder	Automatische Melder	Automatische Melder	Automatische Melder	Nicht automatische Melder	Automatische Melder	Nicht automatische Melder	Automatische Melder	Nicht automatische Melder	Automatische Melder	Nicht automatische Melder	Automatische Melder	Nicht automatische Melder	Automatische Melder	Nicht automatische Melder	Automatische Melder	Automatische Melder		Automatische Melder	Automatische Melder	Automatische Melder	Automatische Melder	Automatische Melder	Automatische Melder	Automatische Melder	Nicht automatische Melder	Automatische Melder	Nicht automatische Melder	Automatische Melder	Nicht automatische Melder	Automatische Melder	Nicht automatische Melder	Automatische Melder	Nicht automatische Melder	Automatische Melder
Anlage	Komponente	Bemerkung	Aktion																																											
Raumlufttechnische Anlagen																																														
Raumlufttechnische Anlage RLT 1 – Tiefgarage																																														
RLT 1	Zuluftgerät		Abschalten	X					X	X																							X	X	X	X	X	X	X	X	X	X	X	X	X	X	X	X	X
RLT 1	Abluftgerät		Abschalten	X					X	X																							X	X	X	X	X	X	X	X	X	X	X	X	X	X	X	X	X
RLT 1	Brandschutzklappen Zuluft	Brandschutzklappen gemäß Anlagenplanung	Schließen	X					X	X																							X	X	X	X	X	X	X	X	X	X	X	X	X	X	X	X	X
RLT 1	Brandschutzklappen Abluft	Brandschutzklappen gemäß Anlagenplanung	Schließen	X					X	X																							X	X	X	X	X	X	X	X	X	X	X	X	X	X	X	X	X
Raumlufttechnische Anlage RLT 2 – Verkauf																																														
RLT 2	Zuluftgerät		Abschalten	X					X	X	X	X	X	X	X	X	X	X	X	X	X	X	X	X	X	X	X	X	X	X	X				X	X	X	X	X									X	X
RLT 2	Abluftgerät		Abschalten	X					X	X	X	X	X	X	X	X	X	X	X	X	X	X	X	X	X	X	X	X	X	X	X				X	X	X	X	X									X	X
RLT 2	Brandschutzklappen Zuluft	Brandschutzklappen gemäß	Schließen	X					X	X	X	X	X	X	X	X	X	X	X	X	X	X	X	X	X	X	X	X	X	X	X				X	X	X	X	X									X	X
RLT 2	Brandschutzklappen Abluft	Brandschutzklappen gemäß	Schließen	X					X	X	X	X	X	X	X	X	X	X	X	X	X	X	X	X	X	X	X	X	X	X	X				X	X	X	X	X									X	X
Raumlufttechnische Anlage RLT 3 – Technik, Lager																																														
RLT 3	Zuluftgerät		Abschalten	X	X	X	X	X	X	X	X	X	X	X	X	X	X	X	X	X	X	X	X	X	X	X	X	X	X	X	X																		
RLT 3	Abluftgerät		Abschalten	X	X	X	X	X	X	X	X	X	X	X	X	X	X	X	X	X	X	X	X	X	X	X	X	X	X	X	X																		
RLT 3	Brandschutzklappen Zuluft	Brandschutzklappen gemäß Anlagenplanung	Schließen	X	X	X	X	X	X	X	X	X	X	X	X	X	X	X	X	X	X	X	X	X	X	X	X	X	X	X	X																		
RLT 3	Brandschutzklappen Abluft	Brandschutzklappen gemäß Anlagenplanung	Schließen	X	X	X	X	X	X	X	X	X	X	X	X	X	X	X	X	X	X	X	X	X	X	X	X	X	X	X	X																		
Raumlufttechnische Anlage RLT 4 – Büroräume																																														
RLT 4	Zuluftgerät	RLT Zentrale 6. OG	Abschalten		X	X	X	X	X	X	X	X	X	X	X	X	X	X	X	X	X	X	X	X	X	X	X	X	X	X	X																		
RLT 4	Abluftgerät	RLT Zentrale 6. OG	Abschalten		X	X	X	X	X	X	X	X	X	X	X	X	X	X	X	X	X	X	X	X	X	X	X	X	X	X	X																		
RLT 4	Brandschutzklappen Zuluft	Brandschutzklappen gemäß Anlagenplanung	Schließen		X	X	X	X	X	X	X	X	X	X	X	X	X	X	X	X	X	X	X	X	X	X	X	X	X	X	X																		
RLT 4	Brandschutzklappen Abluft	Brandschutzklappen gemäß Anlagenplanung	Schließen		X	X	X	X	X	X	X	X	X	X	X	X	X	X	X	X	X	X	X	X	X	X	X	X	X	X	X																		

Tabelle B2. Beispielgebäude Gesamtsteuerungskonzept (Fortsetzung)

Raumlufttechnische Anlage RLT 5 – Konferenzraum																																																					
RLT 5	Zuluftgerät	RLT Zentrale 6. OG	Abschalten		X	X	X	X	X	X	X	X	X	X	X	X	X	X	X	X	X	X	X	X	X	X	X	X	X	X	X	X	X	X	X																		
RLT 5	Abluftgerät	RLT Zentrale 6. OG	Abschalten		X	X	X	X	X	X	X	X	X	X	X	X	X	X	X	X	X	X	X	X	X	X	X	X	X	X	X	X	X	X	X																		
RLT 5	Brandschutzklappen Zuluft	Brandschutzklappen gemäß Anlagenplanung	Schließen		X	X	X	X	X	X	X	X	X	X	X	X	X	X	X	X	X	X	X	X	X	X	X	X	X	X	X	X	X	X	X																		
RLT 5	Brandschutzklappen Abluft	Brandschutzklappen gemäß Anlagenplanung	Schließen		X	X	X	X	X	X	X	X	X	X	X	X	X	X	X	X	X	X	X	X	X	X	X	X	X	X	X	X	X	X	X																		
Sonstige Anlagen																																																					
Schrankenanlage Tiefgarage																																																					
Schrankenanlage	Schranke Einfahrt		Schließen		X	X	X	X		X		X		X		X	X	X		X		X		X		X		X		X		X	X		X	X	X	X	X	X	X		X		X		X		X		X		X
Schrankenanlage	Schranke Ausfahrt		Öffnen		X	X	X	X		X		X		X		X	X	X		X		X		X		X		X		X		X	X		X	X	X	X	X	X	X		X		X		X		X		X		X

10.3 Brandfallsteuermatrix

10.3.1 Verknüpfung von Auslösebereichen und Ansteuerungen

Diese erste Gliederung in der Tabelle des sSK ist ein Hilfsmittel zur Strukturierung der Auslösebereiche (siehe auch Kapitel 10.2.5) der anzusteuernden Anlagen für die Brandfallsteuermatrix. In Abbildung 32 ist diese strukturelle Gliederung exemplarisch dargestellt.

<table>
<tr><th colspan="27">Brandabschnitt 1</th><th colspan="12">Brandabschnitt 2</th></tr>
<tr><th></th><th colspan="3">geschoss-übergreifende Meldebereiche</th><th colspan="2">3. UG</th><th colspan="2">2. UG</th><th colspan="2">1. UG</th><th colspan="4">EG</th><th colspan="2">1. OG</th><th colspan="2">2. OG</th><th colspan="2">3. OG</th><th colspan="2">4. OG</th><th colspan="2">5. OG</th><th colspan="3">6. OG</th><th colspan="4">geschoss-übergreifende Meldebereiche</th><th colspan="2">3. UG</th><th colspan="2">2. UG</th><th colspan="2">1. UG</th><th colspan="2">EG</th></tr>
<tr><td>Melder in Leitungen der raumlufttechnischen Anlagen</td><td>Sicherheitstreppenraum</td><td>Treppenräume</td><td>Aufzugsschächte/-anlagen</td><td colspan="2">Auslösebereich BA1-01</td><td colspan="2">Auslösebereich BA1-02</td><td colspan="2">Auslösebereich BA1-03 (UG 1)</td><td>Auslösebereiche BA1-03; BA1-04, BA1-05</td><td>Auslösebereich BA1-03 (EG)</td><td>Auslösebereich BA1-04</td><td>Auslösebereich BA1-05</td><td colspan="2">Auslösebereich BA1-06</td><td colspan="2">Auslösebereich BA1-07</td><td colspan="2">Auslösebereich BA1-08</td><td colspan="2">Auslösebereich BA1-09</td><td colspan="2">Auslösebereich BA1-10</td><td>Auslösebereich BA1-11, Auslösebereich BA1-12</td><td>Auslösebereich BA1-11</td><td>Auslösebereich BA1-12</td><td>Treppenräume</td><td>Aufzugsschächte/-anlagen</td><td colspan="2">Auslösebereich BA2-01 - UG3 bis UG1</td><td colspan="2">Auslösebereich BA2-02</td><td colspan="2">Auslösebereich BA2-03</td><td colspan="2">Auslösebereich BA2-04</td><td colspan="2">Auslösebereich BA2-05</td></tr>
<tr><td>Automatische Melder</td><td>Automatische Melder</td><td>Automatische Melder</td><td>Automatische Melder</td><td>Nicht automatische Melder</td><td>Automatische Melder</td><td>Nicht automatische Melder</td><td>Automatische Melder</td><td>Automatische Melder</td><td>Nicht automatische Melder</td><td>Nicht automatische Melder</td><td>Automatische Melder</td><td>Automatische Melder</td><td>Automatische Melder</td><td>Nicht automatische Melder</td><td>Automatische Melder</td><td>Nicht automatische Melder</td><td>Automatische Melder</td><td>Nicht automatische Melder</td><td>Automatische Melder</td><td>Nicht automatische Melder</td><td>Automatische Melder</td><td>Nicht automatische Melder</td><td>Automatische Melder</td><td>Nicht automatische Melder</td><td>Automatische Melder</td><td>Automatische Melder</td><td>Automatische Melder</td><td>Automatische Melder</td><td>Nicht automatische Melder</td><td>Automatische Melder</td><td>Nicht automatische Melder</td><td>Automatische Melder</td><td>Nicht automatische Melder</td><td>Automatische Melder</td><td>Nicht automatische Melder</td><td>Automatische Melder</td><td>Nicht automatische Melder</td><td>Automatische Melder</td></tr>
</table>

Abbildung 32: Erste Gliederung als Basis für eine Brandfallsteuermatrix

10.3.2 Kollektive und selektive Ansteuerung von Anlagengruppen

Für eine weitere Untergliederung ist es notwendig, zu betrachten, welche Systeme kollektiv oder selektiv angesteuert werden sollen (siehe Abbildung 33).

Abbildung 33: Kollektive und selektive Ansteuerung

10.3.2.1 Kollektive Ansteuerung

Bei einer kollektiven Ansteuerung von Anlagengruppen initiiert jeder Brandfall das gleiche Auslösemuster innerhalb einer Senkengruppe.

10.3.2.2 Selektive Ansteuerung

Bei einer selektiven Ansteuerung wird ein Auslösemuster aktiviert, das nur in Abhängigkeit eines Brandentstehungsorts wirkt. In Abhängigkeit vom Brandentstehungsort werden den Senken differente Aktionen zugeordnet.

10.3.2.3 Auslösebereiche

Jeder Bereich innerhalb des Gebäudes, der von mindestens einer Quelle überwacht wird, muss einem Auslösebereich zugeordnet werden. Neben der Gebäudestruktur trägt die Art der Ansteuerung von Senken zur Unterteilung in Auslösebereiche bei. Bereiche mit einer kollektiven Ansteuerung von Senken können dabei zusammengefasst werden, es sei denn, es erfolgt eine strukturelle Differenzierung durch Brandabschnitte oder Nutzungsbereiche. Brandentstehungsorte, die selektive Ansteuerungen initiieren, bilden zwangsläufig jeweils einen eigenen Auslösebereich.

Die definierten Auslösebereiche (Brandszenarien) entsprechen den Auslöseszenarien für den Vollprobetest nach VDI 6010 Blatt 3 oder der bauordnungsrechtlichen Wirk-Prinzip-Prüfung.

10.3.2.4 Tabelle der Brandfallsteuerungen

Für jeden Auslösebereich wird in der Tabelle der Brandfallsteuerungen das Auslösemuster den Senken zugeordnet. Diese Verknüpfungstabelle definiert die logische Verknüpfung von Quellen und Senken.

10.3.2.5 Sonstige Schemata, Skizzen etc.

Vor allem bei komplexen Auslösemustern oder bei der Planung der Übertragungswege kann es hilfreich sein, Teile der Brandfallsteuermatrix zusätzlich schematisch darzustellen (siehe Abbildung 34).

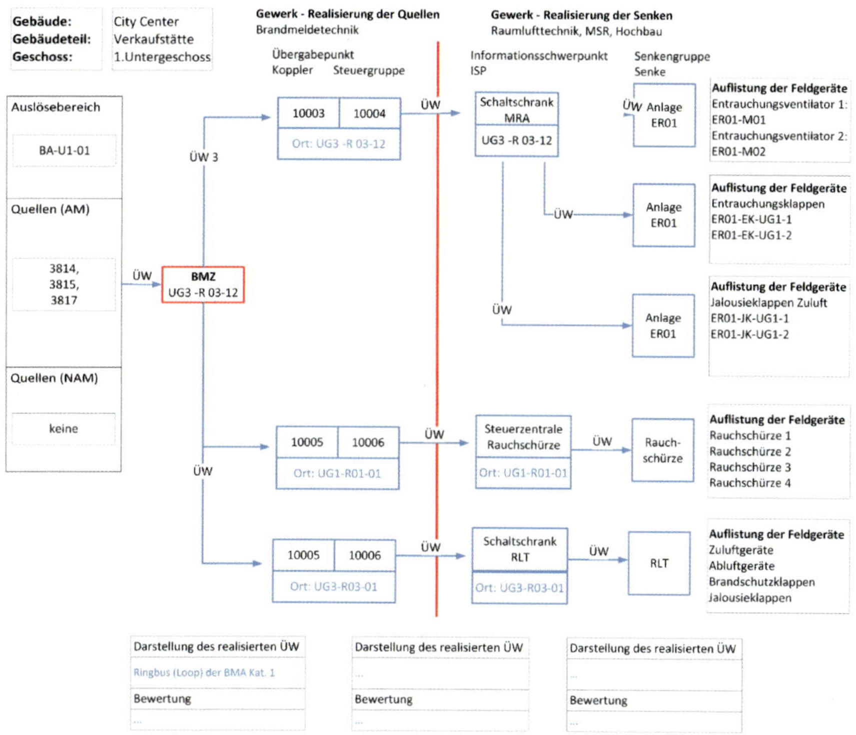

Abbildung 34: Schematische Darstellung von Brandfallsteuerungen

Tabelle B3. Gefahrenfallsteuermatrix Dokumentation

Lage in der baulichen Anlage (Brandabschnitt)									Brandabschnitt 1																																					Brandabschnitt 2																					
Lage in der baulichen Anlage (Geschossebene)														geschoss-übergreifende					3. UG			2. UG			1. UG			EG						1. OG		2. OG		3. OG		4. OG		5. OG		6. OG			geschoss-übergreifende Meldebereiche										3. UG			2. UG			1. UG			EG		
Anlagen/ Senke/Aktoren	Funktion/Quelle/ Sensoren					Melderart-Zuordnung: AM - automatische Melder; NAM - nicht automatische Melder; BMA - Brandmeldeanlage; GLT - Gebäudeleittechnik; autark - autarke Melder von Anlagen oder Einrichtungen	Feuerlöschzentrale	Freischaltelement	Melder in Leitungen der raumlufttechnischen Anlagen					Treppenraum Achse N-O / 2	Treppenraum Achse N-O / 7	Aufzugsschacht/-anlage Achse N-O / 2	Aufzugsschacht/-anlage Achse N-O / 7	Auslösebereich BA1-01			Auslösebereich BA1-02			Auslösebereich BA1-03 (UG1)			Auslösebereiche BA1-03; BA1-04, BA1-05	Auslösebereich BA1-03 (EG)		Auslösebereich BA1-04		Auslösebereich BA1-05	Auslösebereich BA1-06		Auslösebereich BA1-07		Auslösebereich BA1-08		Auslösebereich BA1-09		Auslösebereich BA1-10		Auslösebereich BA1-11, Auslösebereich BA1-12	Auslösebereich BA1-11	Auslösebereich BA1-12	Treppenraum Achse A / 1	Treppenraum Achse B / 7	Treppenraum Achse F-G / 1	Treppenraum Achse F-G / 7	Treppenraum Achse I-J / 7	Aufzugsschacht/-anlage Achse F / 2	Aufzugsschacht/-anlage Achse F / 7	Auslösebereich BA2-01			Auslösebereich BA2-02			Auslösebereich BA2-03			Auslösebereich BA2-04			Auslösebereich BA2-05		
Anlage	Komponente	Raum - Nr. Komponente	Adressierung: ISP	Adressierung	Adressierung: Steuergruppe	Aktion	SPZ	FSE	AM RLT 1	AM RLT 2	AM RLT 3	AM RLT 4	AM RLT 5	AM MG 6	AM MG 7	AM RAS -A	AM RAS -B	NAM – MG 1-5	AM – MG 6-49	Druckschalter vTAV, LB 5	NAM – MG 100-105	AM – MG 106-149	Druckschalter vTAV, LB 4	NAM – MG 200-205	AM – MG 206-249	Druckschalter vTAV, LB 2	NAM – MG 300-305	AM – MG 306-320	Druckschalter vTAV, LB 2	AM – MG 321-340	Druckschalter vTAV, LB 2	AM – MG 340-349	NAM – MG 400-405	AM – MG 406-449	NAM – MG 500-505	AM – MG 506-549	NAM – MG 600-605	AM – MG 606-649	NAM – MG 700-705	AM – MG 706-749	NAM – MG 800-805	AM – MG 806-849	NAM – MG 900-905	AM – MG 806-825	AM – MG 826-849	AM MG 450	AM MG 451	AM MG 452	AM MG 453	AM MG 454	AM RAS -C	AM RAS -D	NAM – MG 50, 150, 250	AM – MG 51-55, 150-155, 250-255	Druckschalter vTAV, LB 1	NAM – MG 51-55	AM – MG 56-99	Druckschalter vTAV, LB 1	NAM – MG 151-155	AM – MG 156-199	Druckschalter vTAV, LB 1	NAM – MG 251-255	AM – MG 256-299	Druckschalter vTAV, LB 1	NAM – MG 351-355	AM – MG 356-399	Druckschalter vTAV, LB 3
Verknüpfung der Brandmelderzentralen																																																																			
Brandmelderzentrale	BMZ	BMZ-Raum OG3				Verarbeiten und Darstellen von Informationen	X	X	X	X	X	X	X	X	X	X	X	X	X		X	X		X	X		X	X		X		X	X	X	X	X	X	X	X	X	X	X	X	X	X	X	X	X	X	X	X	X	X	X	X		X	X		X	X		X	X		X	X	
Brandmelderzentrale	Feuerlöschzentrale	Sprinklerzentrale				Verarbeiten und Darstellen von Informationen														X			X			X			X		X																								X			X			X			X			X
Aufschaltung zu hilfeleistender Stelle																																																																			
Übertragungseinrichtung	ÜE					Alarmierung Leitstelle (Feueralarm)	X	X						X	X	X	X	X	X	X	X	X	X	X	X	X	X	X	X	X	X	X	X	X	X	X	X	X	X	X	X	X	X	X	X	X	X	X	X	X	X	X	X	X	X	X	X	X	X	X	X	X	X	X	X	X	X
Feuerwehrperipherie																																																																			
BMA	optische Signalgeber		–	serielle Schnittstelle	-	Anschalten	X	X	X	X	X	X	X	X	X	X	X	X	X	X	X	X	X	X	X	X	X	X	X	X	X	X	X	X	X	X	X	X	X	X	X	X	X	X	X	X	X	X	X	X	X	X	X	X	X	X	X	X	X	X	X	X	X	X	X	X	X
BMA	FSD		–	serielle Schnittstelle	-	Freigeben	X	X	X	X	X	X	X	X	X	X	X	X	X	X	X	X	X	X	X	X	X	X	X	X	X	X	X	X	X	X	X	X	X	X	X	X	X	X	X	X	X	X	X	X	X	X	X	X	X	X	X	X	X	X	X	X	X	X	X	X	X
FIBS (Feuerwehr - informations- und Bediensystem)	FAT		–	serielle Schnittstelle	-	Verarbeiten und Darstellen von Informationen	X	X	X	X	X	X	X	X	X	X	X	X	X	X	X	X	X	X	X	X	X	X	X	X	X	X	X	X	X	X	X	X	X	X	X	X	X	X	X	X	X	X	X	X	X	X	X	X	X	X	X	X	X	X	X	X	X	X	X	X	X
FIBS (Feuerwehr - informations- und Bediensystem)	FBF		–	serielle Schnittstelle	-	Verarbeiten und Darstellen von Informationen	X	X	X	X	X	X	X	X	X	X	X	X	X	X	X	X	X	X	X	X	X	X	X	X	X	X	X	X	X	X	X	X	X	X	X	X	X	X	X	X	X	X	X	X	X	X	X	X	X	X	X	X	X	X	X	X	X	X	X	X	X
BOS - Anlage	FGB					Freischalten	X	X	X	X	X	X	X	X	X	X	X	X	X	X	X	X	X	X	X	X	X	X	X	X	X	X	X	X	X	X	X	X	X	X	X	X	X	X	X	X	X	X	X	X	X	X	X	X	X	X	X	X	X	X	X	X	X	X	X	X	X
Alarmierungsanlagen																																																																			
Akustische Alarmierung																																																																			
BMA	akustische Signalgeber	3. UG	–	intern	–	Einschalten	X	X	X	X	X	X	X	X	X	X	X	X	X	X	X	X	X	X	X	X	X	X	X	X	X	X	X	X	X	X	X	X	X	X	X	X	X	X	X	X	X	X	X	X	X	X	X	X	X	X	X	X	X	X	X	X	X	X	X	X	X
BMA	akustische Signalgeber	2. UG	–	intern	–	Einschalten	X	X	X	X	X	X	X	X	X	X	X	X	X	X	X	X	X	X	X	X	X	X	X	X	X	X	X	X	X	X	X	X	X	X	X	X	X	X	X	X	X	X	X	X	X	X	X	X	X	X	X	X	X	X	X	X	X	X	X	X	X
BMA	akustische Signalgeber	1. UG	–	intern	–	Einschalten	X	X	X	X	X	X	X	X	X	X	X	X	X	X	X	X	X	X	X	X	X	X	X	X	X	X	X	X	X	X	X	X	X	X	X	X	X	X	X	X	X	X	X	X	X	X	X	X	X	X	X	X	X	X	X	X	X	X	X	X	X
BMA	akustische Signalgeber	EG	–	intern	–	Einschalten	X	X	X	X	X	X	X	X	X	X	X	X	X	X	X	X	X	X	X	X	X	X	X	X	X	X	X	X	X	X	X	X	X	X	X	X	X	X	X	X	X	X	X	X	X	X	X	X	X	X	X	X	X	X	X	X	X	X	X	X	X
BMA	akustische Signalgeber	1. OG	–	intern	–	Einschalten	X	X	X	X	X	X	X	X	X	X	X	X	X	X	X	X	X	X	X	X	X	X	X	X	X	X	X	X	X	X	X	X	X	X	X	X	X	X	X	X	X	X	X	X	X	X	X	X	X	X	X	X	X	X	X	X	X	X	X	X	X
BMA	akustische Signalgeber	2. OG	–	intern	–	Einschalten	X	X	X	X	X	X	X	X	X	X	X	X	X	X	X	X	X	X	X	X	X	X	X	X	X	X	X	X	X	X	X	X	X	X	X	X	X	X	X	X	X	X	X	X	X	X	X	X	X	X	X	X	X	X	X	X	X	X	X	X	X
BMA	akustische Signalgeber	3. OG	–	intern	–	Einschalten	X	X	X	X	X	X	X	X	X	X	X	X	X	X	X	X	X	X	X	X	X	X	X	X	X	X	X	X	X	X	X	X	X	X	X	X	X	X	X	X	X	X	X	X	X	X	X	X	X	X	X	X	X	X	X	X	X	X	X	X	X
BMA	akustische Signalgeber	4. OG	–	intern	–	Einschalten	X	X	X	X	X	X	X	X	X	X	X	X	X	X	X	X	X	X	X	X	X	X	X	X	X	X	X	X	X	X	X	X	X	X	X	X	X	X	X	X	X	X	X	X	X	X	X	X	X	X	X	X	X	X	X	X	X	X	X	X	X
BMA	akustische Signalgeber	5. OG	–	intern	–	Einschalten	X	X	X	X	X	X	X	X	X	X	X	X	X	X	X	X	X	X	X	X	X	X	X	X	X	X	X	X	X	X	X	X	X	X	X	X	X	X	X	X	X	X	X	X	X	X	X	X	X	X	X	X	X	X	X	X	X	X	X	X	X
BMA	akustische Signalgeber	6. OG	–	intern	–	Einschalten	X	X	X	X	X	X	X	X	X	X	X	X	X	X	X	X	X	X	X	X	X	X	X	X	X	X	X	X	X	X	X	X	X	X	X	X	X	X	X	X	X	X	X	X	X	X	X	X	X	X	X	X	X	X	X	X	X	X	X	X	X
Sprachalarmierungsanlage (SAA)																																																																			
Sprachalarmierungsanlage	Lautsprecher	Tiefgarage UG3	–	1000	101	Einschalten Bandansage	X	X	X	X	X	X	X	X	X	X	X	X	X	X	X	X	X	X	X	X	X	X	X	X	X	X	X	X	X	X	X	X	X	X	X	X	X	X	X	X	X	X	X	X	X	X	X	X	X	X	X	X	X	X	X	X	X	X	X	X	X
Sprachalarmierungsanlage	Lautsprecher	Tiefgarage UG2	–	1000	101	Einschalten Bandansage	X	X	X	X	X	X	X	X	X	X	X	X	X	X	X	X	X	X	X	X	X	X	X	X	X	X	X	X	X	X	X	X	X	X	X	X	X	X	X	X	X	X	X	X	X	X	X	X	X	X	X	X	X	X	X	X	X	X	X	X	X
Sprachalarmierungsanlage	Lautsprecher	Tiefgarage UG1	–	1000	101	Einschalten Bandansage	X	X	X	X	X	X	X	X	X	X	X	X	X	X	X	X	X	X	X	X	X	X	X	X	X	X	X	X	X	X	X	X	X	X	X	X	X	X	X	X	X	X	X	X	X	X	X	X	X	X	X	X	X	X	X	X	X	X	X	X	X
Sprachalarmierungsanlage	Lautsprecher	Verkauf UG1	–	1000	101	Einschalten Bandansage	X	X	X	X	X	X	X	X	X	X	X	X	X	X	X	X	X	X	X	X	X	X	X	X	X	X	X	X	X	X	X	X	X	X	X	X	X	X	X	X	X	X	X	X	X	X	X	X	X	X	X	X	X	X	X	X	X	X	X	X	X
Sprachalarmierungsanlage	Lautsprecher	Verkauf EG	–	1000	101	Einschalten Bandansage	X	X	X	X	X	X	X	X	X	X	X	X	X	X	X	X	X	X	X	X	X	X	X	X	X	X	X	X	X	X	X	X	X	X	X	X	X	X	X	X	X	X	X	X	X	X	X	X	X	X	X	X	X	X	X	X	X	X	X	X	X
Optische Alarmierung																																																																			
Brandmeldeanlage	optische Signalgeber	Technikzentralen UG2	–	intern	–	Einschalten	X	X	X	X	X	X	X	X	X	X	X	X	X	X	X	X	X	X	X	X	X	X	X	X	X	X	X	X	X	X	X	X	X	X	X	X	X	X	X	X	X	X	X	X	X	X	X	X	X	X	X	X	X	X	X	X	X	X	X	X	X
Brandmeldeanlage	optische Signalgeber	Technikzentralen 6. OG	–	intern	–	Einschalten	X	X	X	X	X	X	X	X	X	X	X	X	X	X	X	X	X	X	X	X	X	X	X	X	X	X	X	X	X	X	X	X	X	X	X	X	X	X	X	X	X	X	X	X	X	X	X	X	X	X	X	X	X	X	X	X	X	X	X	X	X
Akustische Alarmierung (Feuerlöschanlage)																																																																			
Vorgesteuerte Sprinkleranlage Typ A	akustische Signalgeber SÜZ	Sprinklerzentrale				Einschalten	X																																																												
Optische Alarmierung (Feuerlöschanlage)																																																																			
Vorgesteuerte Sprinkleranlage Typ A		Sprinklerzentrale				Einschalten	X																																																												
Selbsttätige Feuerlöschanlagen																																																																			
Vorgesteuerte Sprinkleranlage Typ A																																																																			
Vorgesteuerte Sprinkleranlage Typ A	vTAV, Löschbereich 1 (LB1)	Tiefgarage	STL01	1001	110, 111, 112, 113	Fluten der Ventilstation																																													X			X			X			X				
Vorgesteuerte Sprinkleranlage Typ A	vTAV, Löschbereich 1 (LB1)	Tiefgarage	–	–	–	Fluten des Rohrnetzes																																														X			X			X			X			
Vorgesteuerte Sprinkleranlage Typ A	vTAV, Löschbereich 2 (LB2)	Verkauf BA 1	STL01	1003	114, 115, 116	Fluten der Ventilstation																			X			X		X																																					
Vorgesteuerte Sprinkleranlage Typ A	vTAV, Löschbereich 2 (LB2)	Verkauf BA 1	–	–	–	Fluten des Rohrnetzes																				X			X		X																																				
Vorgesteuerte Sprinkleranlage Typ A	vTAV, Löschbereich 3 (LB3)	Verkauf BA 2	STL01	1005	117	Fluten der Ventilstation																																																												X	
Vorgesteuerte Sprinkleranlage Typ A	vTAV, Löschbereich 3 (LB3)	Verkauf BA 2	–	–	–	Fluten des Rohrnetzes																																																													X
Vorgesteuerte Sprinkleranlage Typ A	vTAV, Löschbereich 4 (LB4)	Lager UG2	STL01	1007	118	Fluten der Ventilstation																X																																													
Vorgesteuerte Sprinkleranlage Typ A	vTAV, Löschbereich 4 (LB4)	Lager UG2	–	–	–	Fluten des Rohrnetzes																	X																																												
Vorgesteuerte Sprinkleranlage Typ A	vTAV, Löschbereich 5 (LB5)	Technik UG3	STL01	1009	119	Fluten der Ventilstation													X																																																
Vorgesteuerte Sprinkleranlage Typ A	vTAV - ES02-FL03, LB5	Technik UG3	–	–	–	Fluten des Rohrnetzes														X																																															

Tabelle B3. Gefahrenfallsteuermatrix Dokumentation (Fortsetzung)

Gaslöschanlage						
Gaslöschanlage	ARGON-Löschanlage	EG Serverraum	STL02	1010	120	Raum fluten
Aufzugsanlagen						
Aufzugsanlage Achse N-O / 2	statische Brandfallsteuerung	Achse N-O / 2	A01	1015	130	Anfahren primäre Brandfallhaltestelle EG, Außerbetriebsetzung, Türen öffnen
Aufzugsanlage Achse N-O / 2	Gegensprechanlage FW-Aufzug	Achse N-O / 2	A01	1015	130	Einschalten
Aufzugsanlage Achse N-O / 7	erweiterte statische Brandfallsteuerung	Achse N-O / 7	A02	1016	131	Anfahren primäre Brandfallhaltestelle EG, Außerbetriebsetzung, Türen öffnen
Aufzugsanlage Achse N-O / 7	erweiterte statische Brandfallsteuerung	Achse N-O / 7	A02	1016	132	Anfahren sekundäre Brandfallhaltestelle UG1, Außerbetriebsetzung, Türen öffnen
Aufzugsanlage Achse Achse F / 2	erweiterte statische Brandfallsteuerung	Achse F / 2	A03	1017	133	Anfahren primäre Brandfallhaltestelle EG, Außerbetriebsetzung, Türen öffnen
Aufzugsanlage Achse Achse F / 2	erweiterte statische Brandfallsteuerung	Achse F / 2	A03	1017	134	Anfahren sekundäre Brandfallhaltestelle UG1, Außerbetriebsetzung, Türen öffnen
Aufzugsanlage Achse Achse F / 7	erweiterte statische Brandfallsteuerung	Achse F / 7	A04	1018	135	Anfahren primäre Brandfallhaltestelle EG, Außerbetriebsetzung, Türen öffnen
Aufzugsanlage Achse Achse F / 7	erweiterte statische Brandfallsteuerung	Achse F / 7	A04	1018	136	Anfahren sekundäre Brandfallhaltestelle UG1, Außerbetriebsetzung, Türen öffnen
Anlagen zur Rauchfreihaltung						
Rauchschutzdruckanlage RDA 1 -Treppenraum N-O/1-2, Feuerwehraufzug						
RDA-Anlage 1	Zuluftventilator	RDA-Zentrale	S10	1700	300-309	Einschalten
RDA-Anlage 1	Abströmklappe UG3		S10	1700	300	Öffnen
RDA-Anlage 1	Abströmklappe UG2		S10	1700	301	Öffnen
RDA-Anlage 1	Abströmklappe UG1		S10	1700	302	Öffnen
RDA-Anlage 1	Abströmklappe EG		S10	1700	303	Öffnen
RDA-Anlage 1	Abströmklappe OG1		S10	1700	304	Öffnen
RDA-Anlage 1	Abströmklappe OG2		S10	1700	305	Öffnen
RDA-Anlage 1	Abströmklappe OG3		S10	1700	306	Öffnen
RDA-Anlage 1	Abströmklappe OG4		S10	1700	307	Öffnen
RDA-Anlage 1	Abströmklappe OG5		S10	1700	308	Öffnen
RDA-Anlage 1	Abströmklappe OG6		S10	1700	309	Öffnen
RDA-Anlage 1	Druckregelklappe		S10	1020	300	Freigeben
Maschinelle Rauchableitung						
Maschinelle Rauchableitung 1. Tiefgarage						
MRA-Anlage 1, Zone 1 bis 4	Rauchgasventilator	RLT Zentrale UG3	S01	1020, 1021, 1022, 1023	140, 141, 142, 143	Einschalten
MRA-Anlage 1,Zone 1 bis 4	Entrauchungsklappe 01	RLT Zentrale UG3	S01	1020, 1021, 1022, 1023	140, 141, 142, 143	Öffnen
MRA-Anlage 1, Zone 1	Entrauchungsklappe 02		S01	1020	140	Öffnen
MRA-Anlage 1, Zone 2	Entrauchungsklappe 03		S01	1021	141	Öffnen
MRA-Anlage 1, Zone 3	Entrauchungsklappe 04		S01	1022	142	Öffnen
MRA-Anlage 1, Zone 4	Entrauchungsklappe 05		S01	1023	143	Öffnen
Zuluftanlage Zone 1 bis 4	Zuluftventilator	RLT-Zentrale UG3	S01	1020, 1021, 1022, 1023	140, 141, 142, 143	Einschalten
Zuluftanlage Zone 1 bis 4	Entrauchungsklappe 06	RLT-Zentrale UG3	S01	1020, 1021, 1022, 1023	140, 141, 142, 143	Öffnen
Zuluftanlage Zone 1	Entrauchungsklappe 07		S01	1020	140	Öffnen
Zuluftanlage Zone 2	Entrauchungsklappe 08		S01	1021	141	Öffnen
Zuluftanlage Zone 3	Entrauchungsklappe 09		S01	1022	142	Öffnen
Zuluftanlage Zone 4	Entrauchungsklappe 10		S01	1023	143	Öffnen
Maschinelle Rauchableitung 2. 3. UG Technik						
MRA-Anlage 2	Rauchgasventilator		S02	1030	145	Einschalten
MRA-Anlage 2	Entrauchungsklappe		S02	1030	145	Öffnen
Zuluftanlage	Zuluftventilator		S02	1030	145	Einschalten
Zuluftanlage	Entrauchungsklappe		S02	1030	145	Öffnen
Maschinelle Rauchableitung 3. Lager 2. UG						
MRA-Anlage 2	Rauchgasventilator		S03	1031	146	Einschalten
MRA-Anlage 2	Entrauchungsklappe		S03	1031	146	Öffnen
Zuluftanlage	Zuluftventilator		S03	1031	146	Einschalten
Zuluftanlage	Entrauchungsklappe		S03	1031	146	Öffnen
Maschinelle Rauchableitung 4. Verkaufsflächen						
MRA-Anlage 3	Rauchgasventilator		S04	1032	147, 148	Einschalten
MRA-Anlage 3	Entrauchungsklappe		S04	1032	147, 148	Öffnen
Zuluftanlage	Zuluftventilator		S04	1032	147, 148	Einschalten
Zuluftanlage	Entrauchungsklappe		S04	1032	147, 148	Öffnen
Natürliche Rauchableitung						
Natürliche Rauchableitung Aufzugsschächte						
Öffnungen zur Rauchableitung	Aufzugsschacht Achse N-O / 7	Achse N-O / 7		1050	150	Öffnen
Öffnungen zur Rauchableitung	Aufzugsschacht Achse F / 2	Achse F/2		1051	151	Öffnen
Öffnungen zur Rauchableitung	Aufzugsschacht Achse F / 7	Achse F/7		1052	152	Öffnen
Natürliche Rauchableitung Ladenstraße						
Öffnungen zur Rauchableitung	NRA - Anlage 1 bis 4	Ladenstraße	SZ 1	1060	170	Öffnen
Außentür 1	Türelement	Windfang innen		1061	171	Öffnen
Außentür 1	Türelement	Windfang außen		1062	172	Öffnen

Tabelle B3. Gefahrenfallsteuermatrix Dokumentation (Fortsetzung)

Raumlufttechnische Anlagen																																																																			
Raumlufttechnische Anlage RLT 1 – Tiefgarage																																																																			
RLT 1	Zuluftgerät	RLT-Zentrale UG3	L01	1800	200, 201, 202	Abschalten			X	X	X							X	X																											X	X	X	X	X	X	X	X	X		X	X		X	X		X	X		X	X	
RLT 1	Abluftgerät	RLT-Zentrale UG3	L01	1800	200, 201, 202	Abschalten			X	X	X							X	X																											X	X	X	X	X	X	X	X	X		X	X		X	X		X	X		X	X	
RLT 1	Brandschutzklappe Zuluft 01		L01	1800	200, 201, 202	Schließen			X	X	X							X	X																											X	X	X	X	X	X	X	X	X		X	X		X	X		X	X		X	X	
RLT 1	Brandschutzklappe Zuluft 02		L01	1800	200, 201, 202	Schließen			X	X	X							X	X																											X	X	X	X	X	X	X	X	X		X	X		X	X		X	X		X	X	
RLT 1	Brandschutzklappe Zuluft 03		L01	1800	200, 201, 202	Schließen			X	X	X							X	X																											X	X	X	X	X	X	X	X	X		X	X		X	X		X	X		X	X	
RLT 1	Brandschutzklappe Zuluft 04		L01	1800	200, 201, 202	Schließen			X	X	X							X	X																											X	X	X	X	X	X	X	X	X		X	X		X	X		X	X		X	X	
RLT 1	Brandschutzklappe Zuluft 05		L01	1800	200, 201, 202	Schließen			X	X	X							X	X																											X	X	X	X	X	X	X	X	X		X	X		X	X		X	X		X	X	
RLT 1	Brandschutzklappe Zuluft 06		L01	1800	200, 201, 202	Schließen			X	X	X							X	X																											X	X	X	X	X	X	X	X	X		X	X		X	X		X	X		X	X	
RLT 1	Brandschutzklappe Abluft 01		L01	1800	200, 201, 202	Schließen			X	X	X							X	X																											X	X	X	X	X	X	X	X	X		X	X		X	X		X	X		X	X	
RLT 1	Brandschutzklappe Abluft 02		L01	1800	200, 201, 202	Schließen			X	X	X							X	X																											X	X	X	X	X	X	X	X	X		X	X		X	X		X	X		X	X	
RLT 1	Brandschutzklappe Abluft 03		L01	1800	200, 201, 202	Schließen			X	X	X							X	X																											X	X	X	X	X	X	X	X	X		X	X		X	X		X	X		X	X	
RLT 1	Brandschutzklappe Abluft 04		L01	1800	200, 201, 202	Schließen			X	X	X							X	X																											X	X	X	X	X	X	X	X	X		X	X		X	X		X	X		X	X	
RLT 1	Brandschutzklappe Abluft 05		L01	1800	200, 201, 202	Schließen			X	X	X							X	X																											X	X	X	X	X	X	X	X	X		X	X		X	X		X	X		X	X	
RLT 1	Brandschutzklappe Abluft 06		L01	1800	200, 201, 202	Schließen			X	X	X							X	X																											X	X	X	X	X	X	X	X	X		X	X		X	X		X	X		X	X	
Raumlufttechnische Anlage RLT 2 – Verkauf																																																																			
RLT 2	Zuluftgerät	RLT-Zentrale UG3	L02	1801	205, 206, 207, 208	Abschalten			X	X	X							X	X		X	X		X	X		X	X		X		X	X	X	X	X	X	X	X	X	X	X	X	X	X			X	X	X	X	X													X	X	
RLT 2	Abluftgerät	RLT-Zentrale UG3	L02	1801	205, 206, 207, 208	Abschalten			X	X	X							X	X		X	X		X	X		X	X		X		X	X	X	X	X	X	X	X	X	X	X	X	X	X			X	X	X	X	X													X	X	
RLT 2	Brandschutzklappe Zuluft 01		L02	1801	205, 206, 207, 208	Schließen			X	X	X							X	X		X	X		X	X		X	X		X		X	X	X	X	X	X	X	X	X	X	X	X	X	X			X	X	X	X	X													X	X	
RLT 2	Brandschutzklappe Zuluft 02		L02	1801	205, 206, 207, 208	Schließen			X	X	X							X	X		X	X		X	X		X	X		X		X	X	X	X	X	X	X	X	X	X	X	X	X	X			X	X	X	X	X													X	X	
RLT 2	Brandschutzklappe Zuluft 03		L02	1801	205, 206, 207, 208	Schließen			X	X	X							X	X		X	X		X	X		X	X		X		X	X	X	X	X	X	X	X	X	X	X	X	X	X			X	X	X	X	X													X	X	
RLT 2	Brandschutzklappe Abluft 01		L02	1801	205, 206, 207, 208	Schließen			X	X	X							X	X		X	X		X	X		X	X		X		X	X	X	X	X	X	X	X	X	X	X	X	X	X			X	X	X	X	X													X	X	
RLT 2	Brandschutzklappe Abluft 02		L02	1801	205, 206, 207, 208	Schließen			X	X	X							X	X		X	X		X	X		X	X		X		X	X	X	X	X	X	X	X	X	X	X	X	X	X			X	X	X	X	X													X	X	
RLT 2	Brandschutzklappe Abluft 03		L02	1801	205, 206, 207, 208	Schließen			X	X	X							X	X		X	X		X	X		X	X		X		X	X	X	X	X	X	X	X	X	X	X	X	X	X			X	X	X	X	X													X	X	
Raumlufttechnische Anlage RLT 3 – Technik, Lager																																																																			
RLT 3	Zuluftgerät	RLT-Zentrale UG3	L03	1802	210, 211, 212, 213	Abschalten			X	X	X			X	X	X	X	X	X		X	X		X	X		X	X		X		X	X	X	X	X	X	X	X	X	X	X	X	X	X																						
RLT 3	Abluftgerät	RLT-Zentrale UG3	L03	1802	210, 211, 212, 213	Abschalten			X	X	X			X	X	X	X	X	X		X	X		X	X		X	X		X		X	X	X	X	X	X	X	X	X	X	X	X	X	X																						
RLT 3	Brandschutzklappe Zuluft 01		L03	1802	210, 211, 212, 213	Schließen			X	X	X			X	X	X	X	X	X		X	X		X	X		X	X		X		X	X	X	X	X	X	X	X	X	X	X	X	X	X																						
RLT 3	Brandschutzklappe Zuluft 02		L03	1802	210, 211, 212, 213	Schließen			X	X	X			X	X	X	X	X	X		X	X		X	X		X	X		X		X	X	X	X	X	X	X	X	X	X	X	X	X	X																						
RLT 3	Brandschutzklappe Zuluft 03		L03	1802	210, 211, 212, 213	Schließen			X	X	X			X	X	X	X	X	X		X	X		X	X		X	X		X		X	X	X	X	X	X	X	X	X	X	X	X	X	X																						
RLT 3	Brandschutzklappe Abluft 01		L03	1802	210, 211, 212, 213	Schließen			X	X	X			X	X	X	X	X	X		X	X		X	X		X	X		X		X	X	X	X	X	X	X	X	X	X	X	X	X	X																						
RLT 3	Brandschutzklappe Abluft 02		L03	1802	210, 211, 212, 213	Schließen			X	X	X			X	X	X	X	X	X		X	X		X	X		X	X		X		X	X	X	X	X	X	X	X	X	X	X	X	X	X																						
RLT 3	Brandschutzklappe Abluft 03		L03	1802	210, 211, 212, 213	Schließen			X	X	X			X	X	X	X	X	X		X	X		X	X		X	X		X		X	X	X	X	X	X	X	X	X	X	X	X	X	X																						

Tabelle B3. Gefahrenfallsteuermatrix Dokumentation (Fortsetzung)

Raumlufttechnische Anlage RLT 4 – Büroräume																																																																		
RLT 4	Zuluftgerät	RLT-Zentrale 6. OG	L04	1805	220, 221, 223	Abschalten						X	X	X	X	X	X	X	X		X	X		X	X		X	X		X		X	X	X	X	X	X	X	X	X	X	X	X	X	X																						
RLT 4	Abluftgerät	RLT-Zentrale 6. OG	L04	1805	220, 221, 223	Abschalten						X	X	X	X	X	X	X	X		X	X		X	X		X	X		X		X	X	X	X	X	X	X	X	X	X	X	X	X	X																						
RLT 4	Brandschutzklappe Zuluft 01		L04	1805	220, 221, 223	Schließen						X	X	X	X	X	X	X	X		X	X		X	X		X	X		X		X	X	X	X	X	X	X	X	X	X	X	X	X	X																						
RLT 4	Brandschutzklappe Zuluft 02		L04	1805	220, 221, 223	Schließen						X	X	X	X	X	X	X	X		X	X		X	X		X	X		X		X	X	X	X	X	X	X	X	X	X	X	X	X	X																						
RLT 4	Brandschutzklappe Zuluft 03		L04	1805	220, 221, 223	Schließen						X	X	X	X	X	X	X	X		X	X		X	X		X	X		X		X	X	X	X	X	X	X	X	X	X	X	X	X	X																						
RLT 4	Brandschutzklappe Zuluft 04		L04	1805	220, 221, 223	Schließen						X	X	X	X	X	X	X	X		X	X		X	X		X	X		X		X	X	X	X	X	X	X	X	X	X	X	X	X	X																						
RLT 4	Brandschutzklappe Zuluft 05		L04	1805	220, 221, 223	Schließen						X	X	X	X	X	X	X	X		X	X		X	X		X	X		X		X	X	X	X	X	X	X	X	X	X	X	X	X	X																						
RLT 4	Brandschutzklappe Zuluft 06		L04	1805	220, 221, 223	Schließen						X	X	X	X	X	X	X	X		X	X		X	X		X	X		X		X	X	X	X	X	X	X	X	X	X	X	X	X	X																						
RLT 4	Brandschutzklappe Abluft 01		L04	1805	220, 221, 223	Schließen						X	X	X	X	X	X	X	X		X	X		X	X		X	X		X		X	X	X	X	X	X	X	X	X	X	X	X	X	X																						
RLT 4	Brandschutzklappe Abluft 02		L04	1805	220, 221, 223	Schließen						X	X	X	X	X	X	X	X		X	X		X	X		X	X		X		X	X	X	X	X	X	X	X	X	X	X	X	X	X																						
RLT 4	Brandschutzklappe Abluft 03		L04	1805	220, 221, 223	Schließen						X	X	X	X	X	X	X	X		X	X		X	X		X	X		X		X	X	X	X	X	X	X	X	X	X	X	X	X	X																						
RLT 4	Brandschutzklappe Abluft 04		L04	1805	220, 221, 223	Schließen						X	X	X	X	X	X	X	X		X	X		X	X		X	X		X		X	X	X	X	X	X	X	X	X	X	X	X	X	X																						
RLT 4	Brandschutzklappe Abluft 05		L04	1805	220, 221, 223	Schließen						X	X	X	X	X	X	X	X		X	X		X	X		X	X		X		X	X	X	X	X	X	X	X	X	X	X	X	X	X																						
RLT 4	Brandschutzklappe Abluft 06		L04	1805	220, 221, 223	Schließen						X	X	X	X	X	X	X	X		X	X		X	X		X	X		X		X	X	X	X	X	X	X	X	X	X	X	X	X	X																						
Raumlufttechnische Anlage RLT 5 – Konferenzraum																																																																		
RLT 5	Zuluftgerät	RLT-Zentrale 6. OG	L04	1805	220, 221, 223	Abschalten						X	X	X	X	X	X	X	X		X	X		X	X		X	X		X		X	X	X	X	X	X	X	X	X	X	X	X	X	X																						
RLT 5	Abluftgerät	RLT-Zentrale 6. OG	L04	1805	220, 221, 223	Abschalten						X	X	X	X	X	X	X	X		X	X		X	X		X	X		X		X	X	X	X	X	X	X	X	X	X	X	X	X	X																						
RLT 5	Brandschutzklappe Zuluft 01		L04	1805	220, 221, 223	Schließen						X	X	X	X	X	X	X	X		X	X		X	X		X	X		X		X	X	X	X	X	X	X	X	X	X	X	X	X	X																						
RLT 5	Brandschutzklappe Abluft 01		L04	1805	220, 221, 223	Schließen						X	X	X	X	X	X	X	X		X	X		X	X		X	X		X		X	X	X	X	X	X	X	X	X	X	X	X	X	X																						
Sonstige Anlagen																																																																		
Schrankenanlage Tiefgarage																																																																		
Schrankenanlage	Schranke Einfahrt			1900	250	Schließen								X	X	X	X		X			X			X			X		X		X		X		X		X		X		X		X	X	X	X	X	X	X	X		X			X			X			X			X	
Schrankenanlage	Schranke Ausfahrt			1901	251	Öffnen								X	X	X	X		X			X			X			X		X		X		X		X		X		X		X		X	X	X	X	X	X	X	X		X			X			X			X			X	

11 Checklisten für die Ermittlung von Gefährdungsereignissen durch passive Gefahren[4)]

Die auf den nächsten Seiten dargestellten Fragestellungen sind Teil einer Checkliste, mit deren Hilfe mögliche Gefahren im Rahmen einer Risikobeurteilung identifiziert werden können.

Diese Gefahren sind durch die folgenden Eigenschaften charakterisiert:

- Gefährdungsereignisse können schnell eintreten.
- Gefährdungsereignisse können mehrere Personen betreffen.
- Gefährdungsereignisse werden durch Fehlfunktionen im Objekt hervorgerufen (durch vorsätzliche Handlung hervorgerufene Gefährdungen werden hier nicht behandelt).

Sofern die einzelnen Fragestellungen mit „ja" beantwortet werden, sind die resultierenden Gefahrenfälle konkret zu beschreiben.

Tabelle 4: Fragestellungen zu Naturgefahren im Rahmen einer Risikobeurteilung

Stichwort	**Fragestellungen**
Hochwasser	• Liegt das Objekt in einem Hochwassergebiet? • Wurde das Objekt bzw. dessen Standort in der Vergangenheit ganz oder teilweise überschwemmt? • Liegt das Objekt in einer Lage, die im Allgemeinen als hochwassergefährdet angesehen werden kann? • Kann das Objekt aus anderen Gründen durch Hochwasser gefährdet sein? Wenn ja, aus welchen Gründen?
Sturm/Orkan	• Wurde das Objekt bzw. dessen Standort in der Vergangenheit ganz oder teilweise durch Stürme beschädigt? • Liegt das Objekt in einer exponierten Lage, die durch Stürme besonders bedroht ist (z. B. auf freier Fläche)? • Kann das Objekt aus anderen Gründen durch Stürme gefährdet sein? Wenn ja, aus welchen Gründen?

4) Quelle: Nagel, B. (2018). Anforderungen an Planung und Aufbau eines Systems zur Adaptiven Fluchtweglenkung unter Berücksichtigung der technischen Zuverlässigkeit. Masterthesis, Technische Universität Kaiserslautern, Fernstudium Baulicher Brandschutz und Sicherheitstechnik

Stichwort	Fragestellungen
Gewitter/Hagel	• Wurde das Objekt bzw. dessen Standort in der Vergangenheit ganz oder teilweise durch Gewitter oder Hagel beschädigt? • Liegt das Objekt in einer exponierten Lage, die durch Gewitter oder Hagel besonders bedroht ist (z. B. auf freier Fläche)? • Kann das Objekt aus anderen Gründen durch Gewitter oder Hagel gefährdet sein? Wenn ja, aus welchen Gründen?
Kälteeinbruch	• Besteht die Möglichkeit einer Schädigung von Personen innerhalb des Objekts durch einen Kälteeinbruch? Wenn ja, aus welchen Gründen?
Erdbeben	• Traten im Bereich des Objekts bzw. in der näheren Umgebung in der Vergangenheit Erdbeben auf? • Liegt das Objekt in einem tektonisch aktiven Bereich? • Kann das Objekt aus anderen Gründen durch ein Erdbeben gefährdet sein? Wenn ja, aus welchen Gründen?
Extremschneefall	• Wurde das Objekt bzw. dessen Standort in der Vergangenheit ganz oder teilweise durch Extremschneefall beschädigt? • Liegt das Objekt in einem Gebiet, in dem mit erhöhtem Schneeaufkommen gerechnet werden muss? • Kann das Objekt aus anderen Gründen durch extremen Schneefall gefährdet sein? Wenn ja, aus welchen Gründen?
Weitere	• Sind das Objekt oder Objekte in der näheren Umgebung in der Vergangenheit durch weitere Naturgefahren geschädigt worden? Wenn ja, durch welche? • Sind weitere Naturgefahren bekannt, die zu einer Schädigung des Objekts führen können? Wenn ja, welche?

Tabelle 5: Fragestellungen zu Gefahren, die innerhalb des Objekts/Gebäudes entstehen können im Rahmen einer Risikobeurteilung

Stichwort	Fragestellungen
Brand	• Mit einem Brand muss jederzeit gerechnet werden. • Besteht im Objekt/Gebäude aufgrund der Nutzung eine erhöhte Brandgefährdung? Wenn ja, warum und in welchen Bereichen? • Besteht im Objekt/Gebäude aufgrund der Lagerhaltung eine erhöhte Brandgefährdung? Wenn ja, warum und in welchen Bereichen? • Sind weitere Gründe bekannt, die zu einer erhöhten Brandgefährdung innerhalb des Objekts/Gebäudes führen können? Wenn ja, welche?
Stromausfall	• Aus welchen Gründen kann es im Objekt/Gebäude zu einem Ausfall der Energieversorgung kommen?
Elektrizität	• Wird innerhalb des Objekts/Gebäudes mit hohen Strömen oder Spannungen gearbeitet? • Werden innerhalb des Objekts/Gebäudes technische Anlagen betrieben, die mit hohen Strömen oder Spannungen arbeiten? • Muss im Objekt/Gebäude aus sonstigen Gründen mit erhöhten Strömen oder Spannungen gerechnet werden? Wenn ja, aus welchen Gründen?
Toxische und/ oder reizende Substanzen	• Sind im Objekt/Gebäude toxische und/oder reizende Stoffe gelagert? • Werden im Objekt/Gebäude toxische und/oder reizende Stoffe verarbeitet? • Werden im Objekt/Gebäude toxische und/oder reizende Stoffe in technischen Einrichtungen verwendet (z. B. Gaslöschanlage)? • Können im Objekt/Gebäude aus anderen Gründen toxische und/oder reizende Stoffe freigesetzt werden? Wenn ja, aus welchen Gründen?

Stichwort	Fragestellungen
CBRN-Stoffe	• Sind im Objekt/Gebäude chemische, biologische, radioaktive oder nukleare Stoffe gelagert? • Werden im Objekt/Gebäude chemische, biologische, radioaktive oder nukleare Stoffe verarbeitet? • Werden im Objekt/Gebäude chemische, biologische, radioaktive oder nukleare Stoffe in technischen Einrichtungen verwendet? • Können im Objekt/Gebäude aus anderen Gründen chemische, biologische, radioaktive oder nukleare Stoffe freigesetzt werden? Wenn ja, aus welchen Gründen?
Explosion	• Sind im Objekt/Gebäude explosive Stoffe gelagert? • Sind im Objekt/Gebäude Feuerwerkskörper gelagert? • Finden im Objekt/Gebäude Veranstaltungen mit pyrotechnischen Effekten statt? • Werden im Objekt/Gebäude explosive Stoffe verarbeitet? • Sind im Objekt/Gebäude Explosionsschutzzonen ausgewiesen? • Kann es im Objekt/Gebäude aus anderen Gründen zu Explosionen kommen? Wenn ja, aus welchen Gründen?
Überschwemmung	• Aus welchen Gründen könnte es innerhalb des Objekts/Gebäudes zu Überschwemmungen kommen (z. B. durch Abwasserrückstau)?
Einsturz/Herabfallen von Gegenständen	• Befinden sich innerhalb des Objekts/Gebäudes schwebende Lasten? • Befinden sich innerhalb des Objekts/Gebäudes Gerüste? • Befinden sich innerhalb des Objekts/Gebäudes an Gerüsten oder Absperrungen befestigte Einrichtungsgegenstände? • Werden innerhalb des Objekts/Gebäudes Zuschauerplätze, Bühnen o. Ä. mit ortsveränderlichen Systemen aufgebaut? • Kann es im Objekt/Gebäude aus anderen Gründen zum Einsturz von Bauteilen oder zum Herabfallen von Gegenständen kommen?
Dunkelheit	• Kann es im Objekt/Gebäude durch den Ausfall der Energieversorgung zu Dunkelheit kommen? • Kann es im Objekt/Gebäude durch den Ausfall von gebäudetechnischen Anlagen oder Systemen zu Dunkelheit kommen (z. B. durch Fehler in der Gebäudeautomation)? • Kann es im Objekt/Gebäude aus sonstigen Gründen zu Dunkelheit kommen?

Stichwort	Fragestellungen
Unterdruck/ Überdruck	• Kann es im Objekt/Gebäude durch Betriebsabläufe zu einem starken Unter- oder Überdruck kommen? • Kann es im Objekt/Gebäude durch einen Fehler an gebäudetechnischen Einrichtungen zu einem starken Unter- oder Überdruck kommen? • Gab es in der Vergangenheit in ähnlichen baulichen Objekten Schadensereignisse aufgrund eines Unter- oder Überdrucks? Wenn ja, was waren die Ursachen dafür? • Kann es im Objekt/Gebäude aus weiteren Gründen zu einem Unter- oder Überdruck kommen? Wenn ja, aus welchen Gründen?
Gefährdung durch freilaufende Tiere	• Laufen im Objekt/Gebäude betriebsbedingt Tiere frei herum? • Sieht das Nutzungskonzept des Objekts ein Mitbringen von Tieren vor? • Werden im Objekt/Gebäude Tiere in Käfigen oder Gehegen gehalten? • Befinden sich in der Umgebung des Objekts/Gebäudes Einrichtungen, in denen Tiere in Käfigen oder Gehegen gehalten werden? • Können aus sonstigen Gründen freilaufende Tiere in das Objekt/Gebäude gelangen? Wenn ja, aus welchen Gründen?
Angst-/ Panikreaktionen	• Wird das Objekt/Gebäude durch besondere Personengruppen genutzt, die zu unüblichen Angst-/Panikreaktionen neigen? • Sind im Objekt/Gebäude bauliche und/oder technische Einrichtungen vorgesehen, die das Ziel haben, Angst-/Panikreaktionen hervorzurufen? • Sind im Objekt/Gebäude bauliche und/oder technische Einrichtungen vorgesehen, die unbeabsichtigt Angst-/Panikreaktionen hervorrufen können? • Ist im Objekt/Gebäude aufgrund der Nutzung oder der anwesenden Besucher mit Angst-/Panikreaktionen zu rechnen? • Kann es im Objekt/Gebäude aus sonstigen Gründen zu Angst-/ Panikreaktionen kommen?

Tabelle 6: Fragestellungen zu Gefahren außerhalb des Objekts im Rahmen einer Risikobeurteilung

Stichwort	Fragestellungen
Toxische und/ oder reizende Substanzen	• Werden in der Umgebung des Objekts toxische und/oder reizende Stoffe gelagert? • Werden in der Umgebung des Objekts toxische und/oder reizende Stoffe verarbeitet? • Werden in der Umgebung des Objekts toxische und/oder reizende Stoffe in technischen Einrichtungen verwendet? • Können in der Umgebung des Objekts aus anderen Gründen toxische und/oder reizende Stoffe freigesetzt werden? Wenn ja, aus welchen Gründen?
CBRN-Stoffe	• Werden in der Umgebung des Objekts chemische, biologische, radioaktive oder nukleare Stoffe gelagert? • Werden in der Umgebung des Objekts chemische, biologische, radioaktive oder nukleare Stoffe verarbeitet? • Werden in der Umgebung des Objekts chemische, biologische, radioaktive oder nukleare Stoffe in technischen Einrichtungen verwendet? • Können in der Umgebung des Objekts aus anderen Gründen chemische, biologische, radioaktive oder nukleare Stoffe freigesetzt werden? Wenn ja, aus welchen Gründen?
Gefährdung durch freilaufende Tiere	• Befinden sich in der Umgebung des Objekts Einrichtungen, in denen Tiere in Käfigen oder Gehegen gehalten werden? • Können aus sonstigen Gründen freilaufende Tiere in die Umgebung des Objekts gelangen? Wenn ja, aus welchen Gründen?
Gesundheitsschäden durch Elektrizität	• Werden in der Umgebung des Objekts technische Anlagen betrieben, die mit hohen Strömen oder Spannungen arbeiten?
Brand	• Besteht in den baulichen Anlagen in der Umgebung des Objekts aufgrund der dortigen Nutzung eine erhöhte Brandgefährdung? Wenn ja, warum und in welchen Bereichen? • Besteht in den baulichen Anlagen in der Umgebung des Objekts aufgrund der dortigen Lagerung eine erhöhte Brandgefährdung? Wenn ja, warum und in welchen Bereichen? • Sind weitere Gründe bekannt, die in der Umgebung des Objekts zu einer erhöhten Brandgefährdung führen können? Wenn ja, welche?

Stichwort	Fragestellungen
Verkehrsunfall (Straße, Wasser, Schiene, Luft)	• Befinden sich in der Umgebung des Objekts Verkehrsinfrastrukturen, bei deren Nutzung es zu größeren Zwischenfällen kommen kann?
Bombenfund	• Liegt das Objekt in einem Gebiet, in dem in der Vergangenheit Bomben abgeworfen wurden? • Wurden im näheren Umfeld des Objekts in der Vergangenheit bereits Bomben gefunden?
Erdsenkung	• Liegt das Objekt in einer geografischen Lage, in der mit Erdsenkungen gerechnet werden muss? • Führen Tunnelanlagen unter dem Objekt hindurch? • Liegt das Gebäude an einem fließenden Gewässer?
Einsturz	• Befinden sich im Bereich um das Objekt Bäume, Masten oder sonstige Einrichtungen, die auf das Objekt stürzen können?

12 Schrifttum

Schrifttum

Gesetze, Verordnungen, Verwaltungsvorschriften

Bürgerliches Gesetzbuch (**BGB**) vom 02. Januar 2002 (BGBl. I, S. 42, 2909; 2003 I, S. 738)

Weiterführende Gesetze, Verordnungen, Verwaltungsvorschriften

Muster-Verordnung über Prüfungen von technischen Anlagen nach Bauordnungsrecht – **MPrüfVO** (Muster-Prüfverordnung) vom März 2011. Berlin: Beuth Verlag

Technische Regeln

BGI 5097:2011-06 Zwischenfall, Notfall, Katastrophe; Leitfaden für die Sicherheits- und Notfallorganisation. Köln: Carl Heymanns Verlag

DIN 820-12: Normungsarbeit; Teil 12: Leitfaden für die Aufnahme von Sicherheitsaspekten in Normen (ISO/IEC Guide 51:2014) (Standardization; Part 12: Guidelines for the inclusion of safety aspects in standards (ISO/IEC Guide 51: 2014)). Berlin: Beuth Verlag

DIN 14674:2010-09 Brandmeldeanlagen; Anlagenübergreifende Vernetzung (Fire detection and fire alarm systems; System interconnection). Berlin: Beuth Verlag

DIN 14675-1:2018-04 Brandmeldeanlagen; Teil 1: Aufbau und Betrieb (Fire detection and fire alarm systems; Part 1: Design and operation). Berlin: Beuth Verlag

SIA 2046*SNR 592046:2015-04 Integrale Tests von Gebäudetechniksystemen (Integral tests of technical building systems). Winterthur: SNV

TRVB 151S:2015-09 Brandfallsteuerungen; Ansteuerung von automatischen Brandschutzeinrichtungen durch automatische Brandmeldeanlagen. Wien: Österreichischer Bundesfeuerwehrverband

VDE 0833*DIN VDE 0833 Gefahrenmeldeanlagen für Brand, Einbruch und Überfall (Alarm systems for fire, intrusion and hold-up). Berlin: Beuth Verlag

VDI 1000:2017-02 VDI-Richtlinienarbeit; Grundsätze und Anleitungen (VDI Standardisation Work; Principles and procedures). Berlin: Beuth Verlag

VDI 3814 Gebäudeautomation (GA) (Building automation and control systems (BACS)). Berlin: Beuth Verlag

VDI 3819 Blatt 1:2016-01 Brandschutz für Gebäude; Grundlagen für die Gebäudetechnik; Begriffe, Gesetze, Verordnungen, technische Regeln (Fire protection for buildings; Fundamentals for building services; Terminology, acts, ordinances, technical rules). Berlin: Beuth Verlag

VDI 3819 Blatt 2:2013-07 Brandschutz in der Gebäudetechnik; Funktionen und Wechselwirkungen (Fire protection building services; Functions and correlations). Berlin: Beuth Verlag

VDI 4700 Blatt 1:2015-10 Begriffe der Bau- und Gebäudetechnik (Terminology of civil engineering and building services). Berlin: Beuth Verlag

VDI 6010 Blatt 2:2011-05 Sicherheitstechnische Einrichtungen; Ansteuerung von automatischen Brandschutzeinrichtungen (Technical safety installations; Automation and control of fire protective services). Berlin: Beuth Verlag

VDI 6010 Blatt 3:2015-01 Sicherheitstechnische Einrichtungen für Gebäude; Vollprobetest und Wirkprinzipprüfung (Technical safety installations for buildings; Integrated system test and system interaction test). Berlin: Beuth Verlag

Weiterführende technische Regeln

VDI 6009 Blatt 1:2002-10 Facility Management; Anwendungsbeispiele aus dem Gebäudemanagement (Facility Management; Building management in practice). Berlin: Beuth Verlag

Literatur

[1] AHO Nr. 17:2015-06 Leistungen für Brandschutz“

[2] Brandschutzleitfaden – Baulicher Brandschutz für die Planung, Ausführung und Unterhaltung von Gebäuden des Bundes, 4. Auflage 2015-06

[3] VdTÜV MerkBlatt Gebäudetechnik 1801 Teil 3:2016-07 Energie- und Gebäudetechnik; Wirksamkeit und Betriebssicherheit von sicherheitstechnischen Anlagen in Sonderbauten; Teil 3: Anforderungen an die Prüfung des bestimmungsgemässen Zusammenwirkens von sicherheitstechnischen Anlagen (Wirk-Prinzip-Prüfung)

Im Schrifttum sind Dokumente erwähnt, die Grundlagen und Informationen für die Erstellung von Matrizen für Gefahrenfälle zur Verfügung stellen.

Im vorliegenden Kommentar wird die Anwendung der Richtlinie VDI 6010 Blatt 1 an Praxisbeispielen erläutert und weitere Normen und Richtlinien genannt. Der Ordnung halber sind an dieser Stelle die im Kommentar erwähnten Normen und Richtlinie ergänzend zur Aufzählung in VDI 6010 Blatt 1 benannt.

DIN 14661:2016-11 Feuerwehrwesen – Feuerwehr-Bedienfeld für Brandmeldeanlagen. Berlin: Beuth Verlag

DIN 14675-1:2020-01 Brandmeldeanlagen; Teil 1: Aufbau und Betrieb (Fire detection and fire alarm systems; Part 1: Design and operation). Berlin: Beuth Verlag

DIN 14675-2:2020-01 Brandmeldeanlagen – Teil 2: Anforderungen an die Fachfirma. Berlin: Beuth Verlag

DIN EN 54:2011-06 Brandmeldeanlagen – Teil 1: Einleitung; Deutsche Fassung EN 54-1:2011. Berlin: Beuth Verlag

DIN EN 16763:2017-04 Dienstleistungen für Brandsicherheitsanlagen und Sicherheitsanlagen; Deutsche Fassung EN 16763:2017. Berlin: Beuth Verlag

VdS 2496:2014-08 VdS-Richtlinien für die Ansteuerung von Feuerlöschanlagen – Planung und Einbau. Berlin: Beuth Verlag

VdS 3521:2007-09 Schutz vor Überschwemmungen – Leitfaden für Schutzkonzepte und Schutzmaßnahmen bei Industrie- und Gewerbeunternehmen. Berlin: Beuth Verlag

VDI 6017:2015-08 Aufzüge – Steuerungen für den Brandfall. Berlin: Beuth Verlag